Adobe Photoshop CC
经典教程

〔美〕Adobe 公司 著　侯卫蔚 巩亚萍 译

人民邮电出版社

北京

图书在版编目（ＣＩＰ）数据

Adobe Photoshop CC经典教程 / 美国Adobe公司著；
侯卫蔚，巩亚萍译. —— 北京 ：人民邮电出版社，2015.5（2019.8重印）
ISBN 978-7-115-38800-1

Ⅰ．①A… Ⅱ．①美… ②侯… ③巩… Ⅲ．①图象处
理软件—教材 Ⅳ．①TP391.41

中国版本图书馆CIP数据核字(2015)第064387号

版权声明

- ◆ 著　　　　[美] Adobe 公司
　　译　　　　侯卫蔚　巩亚萍
　　责任编辑　傅道坤
　　责任印制　张佳莹
- 人民邮电出版社出版发行　　北京市丰台区成寿寺路 11 号
　　邮编　100164　　电子邮件　315@ptpress.com.cn
　　网址　http://www.ptpress.com.cn
　　北京九州迅驰传媒文化有限公司印刷
- ◆ 开本：800×1000　1/16
　　印张：20.75
　　字数：500 千字　　　　　　　　　　2015 年 5 月第 1 版
　　印数：11 101 – 11 900 册　　　　　2019 年 8 月北京第 11 次印刷
　　著作权合同登记号　图字：01-2013-8449 号

定价：45.00 元（附光盘）

读者服务热线：(010)81055410　印装质量热线：(010)81055316
反盗版热线：(010)81055315
广告经营许可证：京东工商广登字 20170147 号

内容提要

　　本书由 Adobe 公司编写，是 Adobe Photoshop CC 软件的官方学习用书。全书包括 14 课，涵盖了照片的校正、修饰和修复，选区的建立方法，图层、蒙版和通道的用法、文字设计、矢量绘制技巧、高级图像合成合成技术、视频编辑、混合器画笔、处理 3D 图像、处理用于 Web 的图像，以及生成和打印一致的颜色等内容。

　　本书语言通俗易懂并配以大量的图示，特别适合 Photoshop 新手阅读；有一定使用经验的用户也可从中学到大量高级功能和 Photoshop CC 版本新增的功能。本书还适合各类培训班学员及广大自学人员参考。

前　言

Adobe Photoshop CC 是卓越的数字图像处理软件的标杆，它提供了卓越的性能、强大的图像编辑功能和直观的界面。Photoshop CC 包括 Adobe Camera RAW，它在处理原始数据图像方面极具灵活性和控制力，现在还可将其用于处理 TIFF 和 JPEF 图像。Photoshop CC 打破了数字图像编辑的藩篱，帮助用户比任何时候都更轻松地将梦想变成设计。

关于经典教程

本书是在 Adobe 产品专家支持下编写的 Adobe 图形和出版软件官方培训系列丛书之一，读者可按照自己的节奏学习其中的课程。如果读者是 Adobe Photoshop 新手，将从本书中学到掌握该程序所需的基本概念和功能；如果读者具有一定的 Photoshop 使用经验，将发现本书介绍了很多高级功能，其中包括使用最新版本和准备 Web 图像的提示和技巧。

本书每课都提供了完成具体项目的具体步骤，同时给读者提供了探索和实验的空间。读者可按顺序从头到尾地阅读本书，也可根据兴趣和需要选读书中的某几课。每课的末尾都有复习题，对该课介绍的内容做了总结。

本版新增的内容

本版介绍了 Photoshop CC 新增的众多功能：条件操作，它可以依据您指定的标准来运行不同的操作；可编辑的圆角矩形，它可以让您分别指定矩形每一个角的曲线，并随时进行编辑；Camera Shake Reduction（相机防抖）滤镜，它可以减少手持相机因为抖动而发生的模糊；改进的裁剪工具，在您裁剪、拉伸和倾斜图像时，它可以给您更强的控制力。此外，还介绍了使用液化滤镜作为智能滤镜；在模糊画廊中，结合光圈模糊和其他模糊选项来使用智能对象；智能缩放、将层属性复制到 CSS 代码中以方便 Web 页面使用等内容。

本版还提供了大量有关 Photoshop 功能的额外信息，以及如何充分利用这个功能强大的应用程序。您将学到组织、管理和展示照片，以及优化用于 Web 的图像的最佳实践。另外，来自 Photoshop 专家和 Photoshop 布道者 Julienne Kost 的提示和技巧贯穿全书。

必须具备的知识

要阅读本书，读者应能熟练使用计算机和操作系统，包括使用鼠标、标准菜单和命令以及打开、保存和关闭文件。如果需要复习这方面的内容,请参阅 Microsoft Windows 或 Apple Mac OS X 的文档。

要完成本书内容,你需要安装 Adobe Photoshop CC 和 Adobe Bridge CC。

安装 Adobe Photoshop 和 Adobe Bridge

使用本书前,应先确保系统设置正确并安装了所需的软件和硬件。您必须专门购买 Adobe Photoshop CC 软件。有关安装该软件的系统需求和详细说明, 请访问 www.adobe.com/support。注意, Photoshop CC 有些功能,包括所有的 3D 功能,要求显卡支持 OpenGL 2.0,而且至少有 512MB 的专用 vRAM。

本书中的许多课程都会用到 Adobe Bridge。Photoshop 和 Bridge 使用单独的安装程序。您必须安装这两个程序。按屏幕上的安装说明安装即可。

启动 Adobe Photoshop

可以像其启动大多数应用程序那样启动 Photoshop。

在 Windows 中启动 Adobe Photoshop :

选择"开始" > "所有程序" >Adobe Photoshop CC。

在 Mac OS 中启动 Adobe Photoshop :

打开 Application/Adobe Photoshop CC 文件夹,双击 Adobe Photoshop 程序图标。

复制课程文件

本书配套光盘包含课程中需要用到的所有文件。每一课都有一个单独的文件夹;阅读每一课时,读者必须将相应的文件夹复制到硬盘中。为节省硬盘空间,可以只复制当前阅读的那一课的文件夹,并在阅读后将其删除。

1 将配套光盘插入光驱。

2 浏览光盘内容,并找到 Lessons 文件夹。

3 执行下列操作之一。

· 要复制所有的课程文件,将配套光盘中的 Lessons 文件夹拖曳到硬盘中。

· 要复制单个课程文件夹,首先在硬盘中新建一个文件夹,并将其命名为 Lessons。然后,将要从光盘复制的文件夹拖曳到硬盘中的 Lessons 文件夹中。

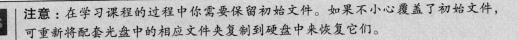

注意 :在学习课程的过程中你需要保留初始文件。如果不小心覆盖了初始文件,可重新将配套光盘中的相应文件夹复制到硬盘中来恢复它们。

恢复默认首选项

首选项文件中存储了有关面板和命令设置的信息。用户退出 Adobe Photoshop 时，面板位置和某些命令设置将存储到相应的首选项文件中；用户在"首选项"对话框中所做的设置也将存储在首选项文件中。

在开始学习每一课时，读者都应重置默认首选项，以确保在屏幕上看到的图像和命令都与书中描述的相同。也可不重置首选项，但在这种情况下，Photoshop CC 中的工具、面板和其他设置可能与书中描述的不同。

如果读者校准了显示器，在阅读本书前请保存校准设置。要保存显示器校准设置，请按下面介绍的步骤进行。

保存当前颜色设置

1 启动 Adobe Photoshop。

2 选择 Edit > Color Settings。

3 查看下拉列表 Settings 中的值。

   • 如果不是 Custom，记录设置文件的名称并单击 OK 按钮关闭对话框，而无需执行第 4 ~ 6 步。

   • 否则，单击 Save（而不是 OK）按钮。

将打开 Save 对话框。默认位置为 Settings 文件夹，您将把文件保存在这里。默认扩展名为 .csf（颜色设置文件）。

4 在文本框 File Name（Windows）或 Save As（Mac OS）中，为颜色设置指定一个描述性名称，保留扩展名 .csf。然后单击 Save 按钮。

5 在 Color Settings Comment 对话框中，输入描述性文本，如日期、具体设置或工作组，以帮助以后识别颜色设置。

6 单击 OK 按钮关闭 Color Settings Comment 对话框，然后再次单击 OK 关闭 Color Settings 对话框。

恢复颜色设置

1 启动 Adobe Photoshop。

2 选择 Edit > Color Settings。

3 在 Color Settings 对话框中的 Settings 下拉列表中，选择前面记录或存储的颜色设置文件，再单击 OK 按钮。

目　录

第1课 熟悉工作区

在本课中，你将学习以下内容：

- 打开 Adobe Photoshop 文件；

- 在 Adobe Bridge 中查看文件；

- 选择和使用工具箱中的工具；

- 使用选项栏来设置所选工具的选项；

- 使用各种方法缩放图像；

- 选择、重排和使用面板；

- 选择面板菜单和上下文菜单中的命令；

- 打开和使用停放面板（panel dock）中的面板；

- 撤销操作以纠正错误或进行不同选择；

- 自定义工作区。

 学习本课需要的时间不超过 1 小时。如果还没有将 Lesson01 文件夹复制到本地硬盘中，请现在就这样做。

在学习过程中，请保留初始文件；如果需要恢复初始文件，只需要从配套光盘中再次复制它们即可。

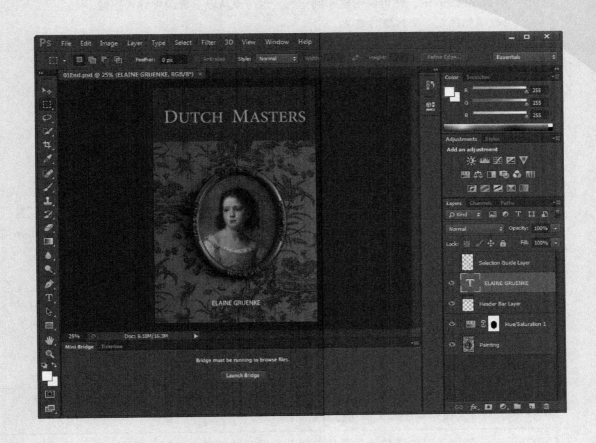

在使用 Adobe Photoshop 时，你将
发现有多种方法可以完成同一任务。要
充分利用 Photoshop 中丰富的编辑功能，
你必须首先知道如何在工作区中导航。

1.1 开始在 Adobe Photoshop 中工作

Adobe Photoshop 的工作区包括菜单、工具栏和面板，使用它们可以快速访问用来编辑图像和向图像中添加元素的各种工具和选项。通过安装第三方软件（又称为插件），可以向菜单中添加其他命令和滤镜。

在 Photoshop 中，你主要处理数字位图（即被转换为一系列小方块或图像元素 [称为像素] 的连续色调图像）。你还可以处理矢量图形，矢量图形是由缩放时依然保持原有质感的光滑线条构成的图形。在 Photoshop 中，你可以创建原创作品，也可以从以下资源中导入图像：

- 用数码相机或手机拍摄的照片；
- 商用数码影像光盘；
- 扫描的照片、正片、负片、图形或其他文档；
- 捕获的视频图像；
- 在画图程序中创建的作品。

1.1.1 启动 Photoshop 并打开文件

首先，启动 Adobe Photoshop 并恢复默认首选项。

1　在桌面上，双击 Adobe Photoshop 的图标启动 Adobe Photoshop，然后立即按住 Ctrl + Alt + Shift 组合键（Windows）或 Command +Option+ Shift 组合键（Mac OS）恢复默认设置。

如果在桌面上看不到 Photoshop 的图标，选择"开始">"所有程序">Adobe Photoshop CC（Windows）或者在 Application 文件夹或任务栏（Dock）中查找（Mac OS）。

2　出现提示时，单击 Yes 确认要删除 Adobe Photoshop 的设置文件。

 注意：通常情况下，在使用自己的项目时不需要恢复默认设置。但是，在学习本书大多数课程前，需要恢复这些参数，以确保在屏幕上看到的内容与课程中的描述一致。更多信息，请参见"前言"中的"恢复默认首选项"。

Photoshop 的工作区如图 1.1 所示。

 注意：图 1.1 显示的是 Windows 版本的 Photoshop。在 Mac OS 中，工作区布局相似，但是操作系统的风格可能不同。

Photoshop 的默认工作区包括屏幕顶部的菜单栏、选项栏、左侧的工具（Tools）面板以及右侧停放面板中一些打开的面板。打开文档时，也将出现一个或多个图像窗口，用户可以使用标签式界面（tabbed interface）同时显示它们。Adobe Photoshop 的用户界面和 Adobe Illustrator、Adobe InDesign 以及 Adobe Flash 的界面十分相似，因此，在一个应用程序中学会怎样使用工具和面板，便知道怎样在其他应用程序中使用它们。

Windows 和 Mac OS 的 Photoshop 工作区之间有一个主要的区别：在 Windows 中，Photoshop 总是呈现在一个包含窗口中，而在 Mac OS 中，你可以选择是否在一个应用程序框架中工作，这个应用程序框架包含 Photoshop 应用程序的窗口和面板（见图 1.2），这不同于你已打开的其他应用程序，只有菜单栏在应用程序框架的外面。应用程序框架是默认启用的，要禁用它，可选择 Window > Application Frame。

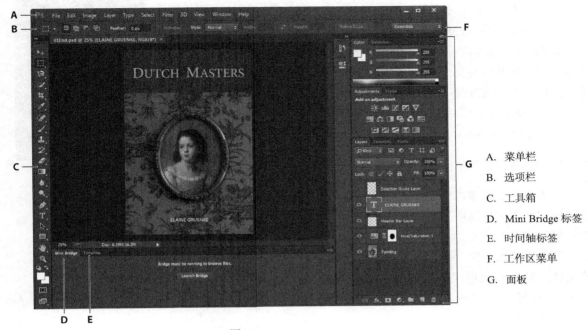

A. 菜单栏

B. 选项栏

C. 工具箱

D. Mini Bridge 标签

E. 时间轴标签

F. 工作区菜单

G. 面板

图1.1

在Mac OS中，应用程序框架将图像、面板和菜单栏放到一起

图1.2

1.1　开始在Adobe Photoshop中工作　**3**

3 选择 File > Open，切换到硬盘上的 Lessons/Lesson01 文件夹（如果还没有将文件复制到硬盘上，现在就这么做）。

4 选择 01End.psd 文件，然后单击 Open。如果看到了 Embedded Profile Mismatch 对话框，单击 OK。

01End.psd 文件在自己的窗口（称为图像窗口）中打开，如图 1.3 所示。在本书中，这些最终文件展示了每个项目中都创建了什么。在本项目中，你将完成一本书的封面布局。

5 选择 File > Close，或单击图像窗口标题栏中的关闭按钮（不要关闭 Photoshop）。

图1.3

1.1.2 使用 Adobe Bridge 打开文件

在本书中，每课都将使用不同的初始文件。你需要复制这些文件，并将其保存为不同的文件名或保存在不同目录中；也可直接对初始文件进行处理，当你再次需要初始文件时，可以再从硬盘中复制它们。

在前面的练习中，你使用 Open 命令打开了一个文件。现在可以使用 Adobe Bridge 打开另一个文件。Adobe Bridge 是一个可视化的文件浏览器，可以让用户确保找到自己所需要的文件。

1 选择 File > Browse In Bridge。如果系统提示你在 Bridge 中启用 Photoshop 的扩展功能，单击 OK。

这将打开 Adobe Bridge，并显示一系列面板、菜单和按钮，如图 1.4 所示。

> **Ps**　**注意**：如果没有安装 Bridge，则当你选择 Browse In Bridge 时，系统会提示你安装该软件。更多信息，请见"前言"。

图1.4

2 选择左上角的 FOLDERS 标签，然后浏览已复制到本地硬盘的 Lessons 文件夹，让 Lessons 文件夹出现在 CONTENT 面板中。

3 选择 Lessons 文件夹，然后选择 File > Add To Favorites。

将经常使用的文件、文件夹、应用程序图标和其他资源添加到 Favorites 面板，以便快速访问它们。

4 选择 FAVORTIES 标签以打开面板，单击 Lessons 文件夹，将其打开。然后，在 CONTENT 面板中，双击 Lesson01 文件夹。

文件夹内容的缩略图预览将出现在 CONTENT 面板中。如图 1.5 所示。

5 在 CONTENT 面板中双击 01Start.psd 的缩略图，将其打开；或选择缩略图，然后选择 File > Open。

图1.5

01Start.psd 图像在 Photoshop 中打开。你可以让 Bridge 保持打开状态，也可以将其关闭；在本课中不再需要 Bridge。

1.2 使用工具

Photoshop 为制作用于打印、Web 和移动浏览的复杂图形提供了一整套工具。如果详细介绍 Photoshop 的所有工具和工具配置，我们可以很容易地独立成书。尽管这将是一本非常有用的参考书，但却不是本书的目标所在。本书的目标在于通过在一个示例项目中配置和使用一些工具，以帮助用户获得体验。每一课都会介绍更多的工具及其用法。当学完本书的所有课程后，你将打下进一步探索 Photoshop 工具的坚实基础。

1.2.1 选择和使用工具箱中的工具

工具箱是位于工作区最左边的长条形面板。它包含了选取工具、绘画和编辑工具、前景色和背景色选择框以及查看工具。

我们首先使用 Zoom 工具，它也出现在许多其他 Adobe 应用程序中，比如 Illustrator、InDesign 和 Acrobat。

1 点击工具箱正上方的双箭头，切换到双栏视图。再次点击双箭头返回到单栏视图工具箱，如图 1.6 所示，这样可以更为高效地利用屏幕空间。

2 查看工作区（Windows）或图像窗口（Mac OS）底部的状态栏，请注意出现在最左侧的百分比，它代表图像当前的缩放比例，如图 1.7 所示。

3 将鼠标移动到工具箱中的放大镜图标并悬停，会出现一个工具提示。工具提示显示了工具名称（Zoom Tool）和快捷键（Z），如图 1.8 所示。

图1.7   图1.8

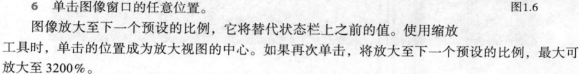

图1.6

4 单击工具箱中的 Zoom 工具（🔍），或按 Z 来选择它。

5 将鼠标移动到图像窗口。鼠标现在看起来是一个中间带加号的微型放大镜（🔍）。

6 单击图像窗口的任意位置。

图像放大至下一个预设的比例，它将替代状态栏上之前的值。使用缩放工具时，单击的位置成为放大视图的中心。如果再次单击，将放大至下一个预设的比例，最大可放大至 3200%。

7 按住 Alt 键（Windows）或 Option 键（Mac OS），缩放工具的鼠标指针将变成中心为一个减号的放大镜（🔍），然后单击图像中的任意位置，再松开 Alt 键或 Option 键。

现在，视图将被缩小至下一个预设比例，这样读者可以看到图像的更多地方，但是细节变少。

> **Ps** **注意**：你还可以使用其他缩放方法。比如，选中缩放工具后，可在选项栏中选择 Zoom In 或 Zoom Out 模式。你可以选择 View > Zoom In 或 View > Zoom Out。或者，你也可以在状态栏中输入一个新的比例，按下 Enter 或 Return 键。

8 如果在选项栏中选择了 Scrubby Zoom，单击图像上的任意位置并将拖放工具向右拖曳，图像将被放大；向左拖曳，图像将被缩小，如图 1.9 所示。

选中 Scrubby Zoom 时，可以拖动缩放工具放大和缩小图像。只有当在 Photoshop Preference 对话框的 Performance 面板中启用了 Use Graphics Processor 时，Scrubby Zoom 才可用（选择 Edit > Preferences > Performance 或 Photoshop > Preferences > Performance，打开对话框）。

9 如果在选项栏中选择了 Scrubby Zoom，请取消选择。然后使用缩放工具拖曳出一个矩形框，以覆盖包括椭圆形图像和红色交叉线在内的图像区域，如图 1.10 所示。

图像将被放大，使得矩形框内的区域填满整个图像窗口。

至此，你已经使用了 4 种利用缩放工具来改变图像窗口大小的方法：单击、按住一个键盘修改键的同时单击、通过拖曳进行缩放，以及通过拖曳来定义放大区域。工具箱中的很多其他工具也可与键盘组合使用。在本书的很多课程中，你将有机会使用这些技术。

图1.9   图1.10

1.2.2   选择和使用隐藏的工具

在 Photoshop 中，有许多可以用来编辑图像文件的工具，但是，你可能每次只能使用其中的一部分。工具箱中的工具被分编成组，每组只有一个工具显示出来，其他工具则隐藏在该工具的背后。

按钮右下角的小三角形表明该工具后面还隐藏有其他可用的工具，如图 1.11 所示。

1   将鼠标移动到工具箱顶部的第二个工具，直到出现工具提示。工具提示表明该工具为 Rectangular Marquee 工具（▫），快捷键为 M。选择该工具。

图1.11

2   使用下述方法选择隐藏在 Rectangular Marquee 工具背后的 Elliptical Marquee 工具（○）。

   • 在 Rectangular Marquee 工具上按住鼠标，打开隐藏工具列表，然后 Elliptical Marquee 工具，如图 1.12 所示。

   • 按住 Alt 键（Windows）或 Option 键（Mac OS），单击工具箱中的工具按钮，遍历隐藏的选框工具，直到选中 Elliptical Marquee 工具。

图1.12

   • 按下 Shift+ M，可以在 Rectangular 和 Elliptical Marquee 工具之间切换。

3   将鼠标移动到图像窗口的上方，直到肖像左上方上的红十字处。

当 Elliptical Marquee 工具被选中时，鼠标将变为十字形（+）。

4   单击左上角的红十字，然后向右下方拖曳鼠标，绘制一个覆盖相框的椭圆，然后松开鼠标，如图 1.13 所示。

动态的虚线表示其内部的区域被选中。选择一个区域时，

图1.13

该区域将是图像中唯一可以被编辑的区域，选区外面的区域将受到保护。

在第 3 课中，我们将学习更多关于如何创建各种选区并调整选区内容方面的知识。

选中（可编 　未选中（受保
辑）的区域　护）的区域

图1.14

1.2.3　修改选区

通常情况下，你需要修改选区内的区域。但是在这个项目中，你想更改壁纸的颜色，而不影响图像。要做到这一点，需要反向选择，这样才能保证除图画外的其他所有区域都被选中。

1　选择 Select > Inverse，结果如图 1.14 所示。

虽然环绕在椭圆相框周围的动态选框看起来和以前相同，但是，要注意到整幅图像的边缘也出现了类似的边框。此时，除椭圆形内的区域外，图像的其他部分都已经被选中。当选中区域处于活动状态时，未选中区域（图画）不能被修改。

 提示：该命令的快捷键 Ctrl + Shift+ I（Windows）或 Command +Shift+ I（Mac OS）出现在 Select 菜单中的命令名称中。你今后可直接按此组合键进行反向选择。

2　在 Adjustments 面板中，单击 Hue/Saturation 图标，添加 Hue/Saturation 调整图层。Hue/ Saturation 选项出现在 Properties 面板中（见图 1.15）。

图1.15

3　在 Properties 面板中，选择 Colorize 复选框。然后，将 Hue 值改为 200，以调整选定区域的颜色，如图 1.16 所示。

壁纸的颜色变为蓝色。

4 在 Layer 面板中，单击 Selection Guide Layer 旁边的眼睛图标，隐藏红色向导，如图 1.17 所示（如果 Layer 面板没有打开，单击其标签或选择 Window > Layers）。

图1.16

图层是 Photoshop 中最基础和最强大的一个功能。Photoshop 包含多种图层，其中一些包含图像、文本或是纯色，其他一些只和它们下面的图层进行交互。在第 4 课和第 9 课中，你将了解到图层相关的更多信息。

图1.17

5 在 Layers 面板中，查看 Hue/Saturation 调整图层。

使用调整图层可以修改图像，比如在不影响实际像素的前提下调整壁纸的颜色。由于使用了调整图层，因此总是可以通过隐藏或删除调整图层来恢复到原始图像。你可以随时编辑调整图层。在本书的其他几课中，你将学习有关调整图层的更多内容。

6 选择 File > Save As，将文件命名为 01Working.psd，并单击 OK 或 Save。

7 在 Photoshop Format Options 对话框中单击 OK。

你已经在 Photoshop 中完成了第一个任务。现在，壁纸和书封面上方的蓝色条框十分匹配。在后面的课程中，你还会在调整颜色，不过要先加上作者的名字。

使用Navigator面板进行缩放和滚动

Navigator面板是另一种大幅度修改缩放比例的快捷途径，特别是在不需要指定准确的缩放比例时。它也是在图像中进行滚动的绝佳方式，因为其中的缩略图准确地展示出了图像的哪部分出现在图像窗口中。要打开Navigator面板，选择Window > Navigator。

在Navigator面板中，将图像缩略图下方的滑块向右拖动（即向较大的山形图标拖动）可以放大图像，向左拖动则缩小图像，如图1.18所示。

图1.18

红色矩形框环绕的区域将显示在图像窗口中。当图像放大到一定程度后，图像窗口将只显示图像的一部分，你可以拖动缩略图区域周围的红色矩形框，来查看其他的图像区域，如图1.19所示。当图像的放大比例非常大时，这也是确定正在处理图像哪部分的一种好方法。

图1.19

1.3　设置工具属性

当你在前面的项目中选择缩放工具时，已经看到了选项栏中一些可以改变现有图像窗口视图的选项。现在你将学习更多使用上下文菜单、选项栏、面板和面板菜单来设置工具属性的知识。在使用这些工具创建带有作者名字的彩色条框时，会使用到所有这些方法。

1.3.1　使用上下文菜单

上下文菜单是一个简短菜单，它只包含特定于工作区中的元素的适当命令和选项。上下文菜单有时也称为右键菜单或快捷键菜单。通常情况下，上下文菜单中的命令在用户界面的一些其他区域也可以使用，但使用上下文菜单可以节省时间。

1　在 Layers 面板中选择 Header Bar Layer，以保证它是活动的图层，如图 1.20 所示。

2 在工具箱中选择 Eyedropper 工具（🖋），然后单击椭圆相框并抽取棕色，如图 1.21 所示。你可以使用这种颜色为作者的名字建立一个带颜色的条框。

图1.20　　　　　　　　　　图1.21

3 选择 Zoom 工具（🔍），在蓝色标题栏下的区域进行缩放。

4 选择 Rectangular Marquee 工具（⬚），它隐藏在 Elliptical Marquee 工具（○）的下面，然后选择一个和蓝色标题栏以及下方壁纸重叠的矩形区域。

5 在工具箱中选择 Brush 工具（🖌）。

6 在图像窗口中，右键单击（Windows）或按住 Control 键单击（Mac OS）图像任意位置，打开 Brush 工具的上下文菜单。

当然，上下文菜单会根据上下文的不同而变化，因此，展示出来的可以是命令菜单或是类似于面板的设置选项，在该例中将发生后一种情况。

> **Ps** │ **注意**：单击工作区的任意位置，可关闭上下文菜单。

7 选择第一个笔刷（Soft Round），将其大小更为 65 像素，如图 1.22 所示。

图1.22

8 在所选区域涂抹选择的颜色，直到完全着色。不需担心是否要一直停留在所选区域内部；涂色时，不会影响到所选区域以外的任何部分。

9 当颜色条框着色完毕，选择 Select > Deselect，保证没有选中任何内容。

1.3.2 在选项栏中设置工具属性

接下来，你可以使用选项栏选择文本属性，然后输入作者的名字。

1 在工具箱中，选择 Horizontal Type 工具（ T ）。

现在，选项栏中的按钮和菜单都与 Type 工具相关。

2 在选项栏中，从第一个弹出菜单中选择你喜欢的字体（这里我们使用 Myriad Pro，不过你可以根据自己的喜好选择另一种字体）。

3 将字体大小设置为 15 pt，如图 1.23 所示。

图1.23

你可以直接在字体大小文本框中输入 15，然后按 Enter 或 Return 键；或者通过拖动字体大小菜单标签来设置。你可以从字体大小弹出菜单中选择一种标准字体大小。

4 单击彩色条框左侧的任意位置，然后输入 Elaine Gruenke。

文本将和彩色条框的颜色相同，稍后可进行修改。

 提示：在 Photoshop 中，对于选项栏、面板和对话框的大部分数字设置，将鼠标指向其标签时将显示一个"小滑块"。向右拖曳该滑块可以增大设置，向左拖曳则将减小设置。拖曳时按住 Alt（Windows）或 Option（Mac OS）可以用较小的增量更改设置，按住 Shift 键可以用较大的增量更改设置。

1.3.3 使用面板和面板菜单

文本颜色和工具箱中的 Foreground Color 调色板相同，也就是用来填涂彩色条框的棕色。你可以选择文本，再从 Swatches 面板中选择另一种颜色。

1 确保在工具箱中选中了 Horizontal Type 工具（ T ）。

2 在文本中拖动 Horizontal Type 工具选定整个名字，如图 1.24 所示。

3 单击 Swatches 标签，将该面板置于最前面（如果它还不可见的话）。

4 选择任何一个浅色的调色板。

 注意：当鼠标指向调色板时，它将暂时变为吸管。将吸管头指向所需的调色板，然后单击以选择该颜色，如图 1.25 所示。

你选择的颜色出现在 3 个地方：工具箱中的 Foreground Color、选项栏中的文字颜色调色板，

以及在图像窗口中选择的文本。

图1.24

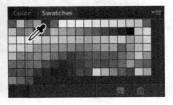
图1.25

5 在工具箱中选择其他工具，比如 Move 工具（ ），取消选中 Horizontal Type 工具，以便看到文本颜色，如图 1.26 所示。

图1.26

尽管在 Photoshop 中还有选择颜色的其他方法，但是这种方法十分简单。在本项目中，你将使用某种具体的颜色，通过改变 Swatches 面板的显示方式，可以很容易地找到这种颜色。

6 单击 Swatches 面板中的菜单按钮（ ），打开面板菜单，并选择 Small List，如图 1.27 所示。

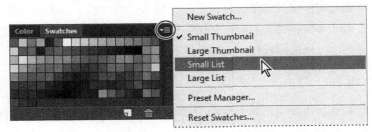
图1.27

7 选择 Type 工具并重新选择文本，正如步骤 1、2 中所做的那样。

8 在 Swatches 面板中向下滚动到颜色列表中间，找到 Pure Blue 调色板并选择它，如图 1.28 所示。

图1.28

现在，文本显示为蓝色。

9　选择 Move 工具，拖曳名字使其处于棕色条框的中心位置，然后单击工具箱中的 Default
Foreground And Background Colors 按钮，将前景色设为黑色，如图 1.29 所示。

图1.29

 注意：不要使用键盘快捷方式 V 选择 Move 工具，因为现在处于文字输入模式。
这么做会在图像窗口的文本框中输入字母 V。

重置默认颜色不会改变图像文本的颜色，因为文本没有被选中。

1.4　在 Photoshop 中还原操作

在一个完美的世界中，你不会犯任何错误。你不会单击错误的对象；你总是可以正确地预知
特定的操作是如何精确地按照你的想象，将设计理念融入你的生活；你永远不需要走回头路。

在现实世界中，Photoshop 赋予了用户撤销操作的能力，让用户可以尝试其他选项。你可以自
由体验，因为你知道自己可以撤销操作。

1.4.1　撤销单个操作

即使是计算机的初学者也能很快熟悉掌握 Undo 命令。你可以使用这一命令回退一步。

1　选择 Edit > Undo Move，或按 Ctrl +Z（Windows）或 Command +Z（Mac OS）撤销上一步
操作，效果如图 1.30 所示。

名称会退回至原始位置。

2 选择 Edit > Redo Move，或按 Ctrl +Z（Windows）或 Command +Z（Mac OS），让名字重新居中，效果如图 1.31 所示。

图1.30　撤销上一步操作

图1.31　恢复上一步的操作

在 Photoshop 中，Undo 命令只能撤销一步操作。这是很实用的设置，因为 Photoshop 的文件可能非常大，保留多个撤销步骤会占用大量的内存，这往往会降低性能。如果你再次按下 Ctrl+ Z 或 Command+ Z，Photoshop 会恢复最初删除的步骤。

3 选择 Edit > Step Backward，或按 Ctrl + Alt+ Z（Windows）或 Command +Option+ Z（Mac OS），使操作后退一步。名字移回到最初的位置。

4 重复步骤 3。颜色改变为你选择的第一个调色板的颜色。

> **Ps** **注意：**如果你已经保存了你的更改，则 Undo 命令不可用。不过，只要项目没有关闭，Step Backward 命令和 History 面板仍然可用。

1.4.2　撤销多个操作

尽管你可以使用 Step Backward 命令以每次一步的方式撤销操作，但是，使用 History 面板撤销多项操作可以更快捷，更容易。

1 选择 Window > History，打开 History 面板。然后，拖动该面板的底部，调整其大小，以便看到更多步骤。

History 面板记录了你最近已经对图像执行的操作。当前的状态为被选中状态。由于你已经撤销了多个操作，所以列表末尾一些步骤显示为灰色。

2 选择 Move，也就是 History 面板列表中的最后一步，如图 1.32 所示。

撤销的步骤已经恢复。名字现在处于最后的颜色，并且在棕色条框的居中位置。作者的名字在底部显示为白色，这样一来，这本书的封面会更加好看。所以，要删除棕色条框和当前的文本。

3 在 History 面板中，选择 Modify Hue/Saturation Layer，如图 1.33 所示。

棕色条框和作者的名字从图像窗口中消失，效果如图 1.34 所示。在 History 面板中，所有处于被选中步骤下方的步骤均为灰色。点击任何一步可以返回到该步骤，但是一旦你执行了新的任务，Photoshop 将删除所有灰色步骤。

图1.32

图1.33

图1.34

 注意：默认情况下，History 面板只保留最后 20 项操作。可以通过选择 Edit > Preferences > Performance（Windows）或 Photoshop > Preference > Performance（Mac OS），并在 History States 中输入一个不同的值，来改变 History 面板的级别数量。

4 双击 Layers 面板中 Hue/Saturation 图层的 Hue/Saturation 调整缩略图（第一个缩略图），在 Properties 面板中打开 Hue/Saturation 选项，如图 1.35 所示。

5 在 Properties 面板中，输入以下值将墙纸变为绿色，如图 1.36 所示。

- Hue：53。
- Saturation：44。
- Lightness：-56。

6 选择 Window > History 或是点击 History 面板图标（🖳），再次打开 History 面板，结果如图 1.37 所示。

图1.35

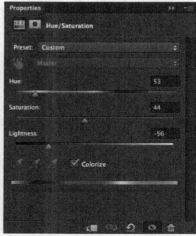
图1.36

图1.37

请注意，History 面板中不再显示列在所选历史记录状态之后的灰色操作，而且已经增加了新的操作。

7 在 Layers 面板中选择 Header Bar Layer。

该图层包含了除图画之外的全部内容。你可以在其中添加文本。

8 从工具箱中选择 Horizontal Type 工具（T）。

9 选择 Window > Character，打开 Character 面板。然后选择一种字体（这里选择的是 Myriad Pro），选择 15 磅的字体大小，如图 1.38 所示。点击颜色调色板，在 Color Picker 中选择白色，然后单击 OK。最后，选择 All Caps（**TT**）。

在选项栏中，有多种可用的字体设置，但是在 Character 面板中会出现其他设置。

10 点击图书封面底部的输入工具，输入 Elaine Gruenke。

11 选择 Move 工具，将文本放置到图画下方居中的位置，如图 1.39 所示。

图1.38   图1.39

12 选择 File > Save，保存你的工作。

恭喜您！您已经完成了自己的第一个 Photoshop 项目。

1.4.3 再谈面板和面板位置

Photoshop 面板功能强大且多样。你很少需要同时看到所有面板。这就是对面板进行分组，以及默认设置不会打开全部面板的原因。

Window 菜单中显示了完整的面板列表。如果面板在其所属面板组中处于打开且活跃状态，其名称旁边将有选中标记。在 Window 窗口中选择面板名称可以打开或关闭相应面板。

通过按 Tab 键可以同时隐藏包括选项栏和工具箱在内的所有面板。再按下 Tab 键，可以重新打开这些面板。

> **Ps** | **注意**：面板被隐藏时，其边缘会出现薄薄的半透明痕迹。将鼠标悬停在上面，可以显示出该面板的内容。

在使用 Layers 面板和 Swatches 面板时，你已经使用过停放面板中的面板了。可将面板从停放面板中拖出来或拖回去。对于大型面板或偶尔需要使用但希望容易找到的面板而言，这样很方便。

你也可以使用其他方式来排列面板。

- 要移动整个面板组，将该面板组的标题栏拖曳到工作区的其他位置。
- 要将面板移动到其他面板组中，将面板标签拖曳到目标面板组中，待目标面板组中出现蓝色标记后松开鼠标，如图 1.40 所示。

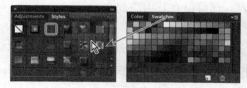

图1.40

- 要停靠面板或面板组，将其标题栏或面板标签拖曳到停放区的顶部，如图 1.41 所示。

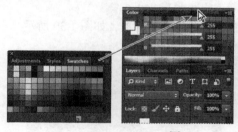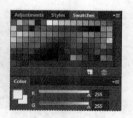

图1.41

- 要让面板或面板离开停放区，并成为浮动的，就要将其标题栏或面板标签从停放区拖曳出来。

1.4.4 展开和折叠面板

通过拖曳或单击在面板的预设尺寸之间转换，可调整面板大小，从而更有效率地利用屏幕空间，或是调整面板的可见选项。

- 要将打开的面板折叠为图标，可单击停放区或面板组标题栏的双箭头；要展开面板，可单击图标或双击箭头，如图 1.42 所示。
- 要调整面板的高度，可拖曳其右下角。
- 要调整停放区的宽度，可将鼠标指向停放区的左边缘，等到鼠标变为双箭头时，向左拖曳增大宽度，或是向右拖曳缩小宽度。

图1.42

- 要调整浮动面板的大小，可将鼠标指向面板右边缘、左边缘或是底部，等到鼠标变成双箭头时，向内或向外拖曳边界。也可以向内或者向外拖曳右下角。
- 要折叠面板组使其只显示停放区标题栏和标签，可以双击面板标签或标题栏，如图1.43所示。再次双击可将其恢复为展开视图。即使面板折叠，也可以打开其面板菜单。

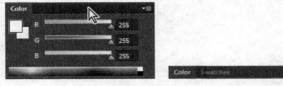

图1.43

要注意，面板折叠后，面板组中各个面板的标签以及面板菜单的按钮仍可见。

 注意：不能调整 Color、Character 和 Paragraph 面板的大小，但是可以折叠它们。

1.4.5　关于工具箱和选项栏的特别注意事项

工具箱和选项栏同其他面板有一些共同之处。
- 拖曳工具箱的标题栏可以将其移动到工作区的其他地方。拖曳选项栏最左侧的抓手分隔栏可将其移动到其他位置。
- 可以隐藏工具箱和选项栏。

不过，有些面板特征是工具箱或选项栏所不具备的，或是不能应用的。
- 不能将工具箱或选项栏与其他面板分组在一起。
- 不能调整工具箱或选项栏的大小。
- 不能将工具箱或选项栏堆叠到停放面板中。
- 工具箱和选项栏都没有面板菜单。

1.5　自定义工作区

Photoshop 提供了多种方法来控制选项栏和许多面板的显示以及位置，但是，如果在屏幕上拖曳面板以便看到特定项目所需的一些面板或其他项目所需的其他面板，需要花费大量时间。这就是 Photoshop 允许用户自定义工作区来随时控制面板、工具和菜单的原因。事实上，Photoshop 自带了一些预置的工作区，适用于排版和绘画等不同类型的工作流程。下面将介绍它们。

 注意：如果你在前一个练习中关闭了 01Working.psd 文件，请将其打开或是打开其他图像文件以完成下面的练习。

1　选择 Window > Workspace > Painting。如果出现提示框，单击 Yes 来应用工作区（见图1.44）。

图1.44

如果你已体验过打开、关闭和移动面板，就会注意到 Photoshop 关闭了一些面板，又打开了另一些面板，并将它们整齐地堆叠到工作区右边缘的停放区。

图1.45

2 选择 Window > Workshop > Photography。如果出现提示框，单击 Yes 来应用工作区。停放区将显示不同的面板。

3 单击选项栏中的 Workspace Switcher，选择 Essentials，如图 1.45 所示。

Photoshop 将返回默认的工作区，这也是你之前设置好的工作区（要从 Essentials 工作区返回到原来的配置，可从 Workspace Switcher 菜单中选择 Reset Essentials）。

你可以从 Window 菜单或标题栏的弹出菜单中选择工作区。

注意：选择 Essentials 工作区可以改变面板的配置，但不会恢复菜单的默认设置。现在你可以恢复设置或是保留更改。在之后的大部分课程中，你将在开始工作时恢复默认设置。

如果预设工具区不适合你的需求，你可以根据需求自定义工作区。例如，你需要做大量的 Web 设计，但不需要做数字视频方面的工作，你可以指定在工作区中显示哪些菜单项。

4 单击 View 菜单，选择 Pixel Aspect Ratio，出现子菜单，如图 1.46 所示。

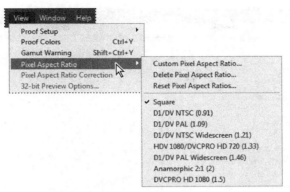

图1.46

该子菜单中包括了几个打印和 Web 设计人员不需要使用的 DV 格式。

5 选择 Window > Workspace > Keyboard Short & Menus。

Keyboard Shortcuts and Menus 对话框可以让你控制哪些应用程序和面板菜单命令是可用的，也可以为菜单、面板和工具创建自定义的快捷键。你可以隐藏较少使用的命令，或是突出显示常用的命令以便更容易看到它们。

6 在 Keyboard Shortcuts and Menus 对话框中点击 Menus 标签，然后 Menu For 下拉列表中选择 Application Menus。

7 向下滚动，找到 View 菜单，单击三角形，显示其命令，如图 1.47 所示。

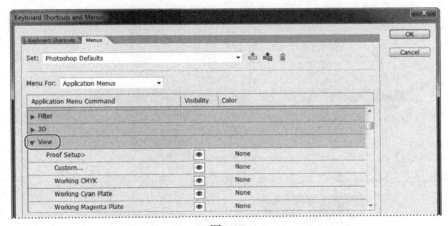

图1.47

Photoshop 将显示 View 菜单中的命令和子命令。

8 向下滚动，找到 Pixel Aspect Ratio，通过单击眼睛图标，使所有的 DV 和视频格式不可见——总共有从 D1/DV NTSC（0.91）到 DVCPRO HD1080（1.5）的 7 种格式，如图 1.48 所示。

Photoshop 将从这个工作区的菜单中删除它们。

9 收起 View 菜单，然后展开 Image 菜单命令。

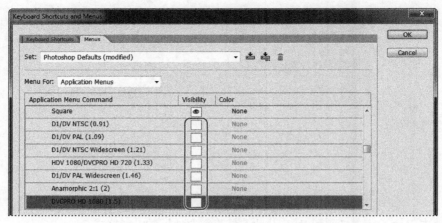

图1.48

10 向下滚动，找到 Image > Mode > RGB Color 命令，在 Color 列中单击 None。从下拉列表中选择 Red，如图 1.49 所示。Photoshop 将用红色突出该命令。

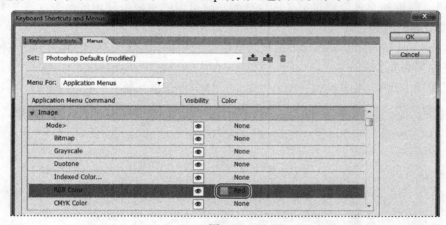

图1.49

11 单击 OK，关闭 Keyboard Shortcuts and Menus 对话框。

12 选择 Image > Mode，现在 RGB Color 突显为红色，如图 1.50 所示。

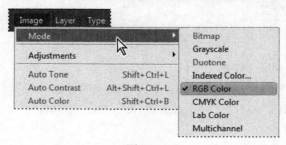

图1.50

13 选择 View > Pixel Aspect Ratio，DV 和视频格式不再包含在这个子菜单中，如图 1.51 所示。

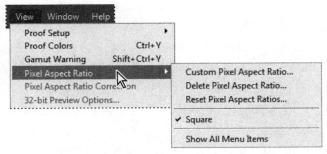

图1.51

14 要保存工作区，选择 Window > Workspace > New Workspace。在 New Workspace 对话框中为工作区命名，选中 Keyboard Shortcuts 和 Menus 复选框，然后单击 Save，如图 1.52 所示。

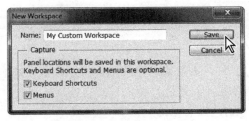

图1.52

你保存的自定义工作区将出现在 Window > Workspace 子菜单中以及选项栏的 Workspace Switcher 中。

现在，返回默认的工作区配置。

15 从选项栏的 Workspace Switcher 中选择 Essentials。然后从 Workspace Switcher 中选择 Reset Essentials，返回到原来的工作区设置。在当前的工作区中，不要保存所做的修改。

16 关闭该文件，但让 Photoshop 处于打开状态。

再次恭！你已经完成了第 1 课的学习。

现在，你已经掌握了 Photoshop 工作区的基本知识，可以开始学习如何创建和编辑图像。一旦掌握了这些基本知识，你就可按照顺序，或者根据自己的兴趣来完成本书的学习了。

1.6 使用 Photoshop 查找资源

要获取有关使用 Photoshop 面板、工具和其他应用程序功能的完整和最新信息，请访问 Adobe 网站。要在 Photoshop Help、支持文档以及其他与 Photoshop 用户相关的网站中搜索信息，请选择 Help > Photoshop Online Help。你可以缩小搜索结果，只查看 Adobe Help 和支持文档。

关于更多资源，例如一些技巧和技术以及最新的产品信息，可以在 community.adobe.com/help/main 中查看 Adobe Community Help 页面。

更改界面设置

默认情况下，在Photoshop CC中，面板、对话框和背景都是暗的。

你可以在Photoshop Preferences对话框中加亮界面或是进行其他更改。

要进行更改，需执行以下步骤。

1 选择 Edit > Preferences > Interface（Windows）或 Photoshop >Preferences > Interface（Mac OS）。

2 选择不同的色彩主题，或进行其他更改，如图 1.53 所示。

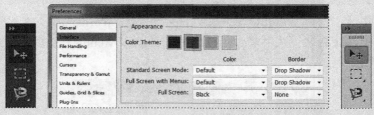

图1.53

选择不同的主题时，可以立即看到更改结果。在这个对话框中，还可以针对不同的屏幕模式选择特定的颜色，或是进行其他界面设置。

3 当对更改感到满意时，单击 OK。

复习

复习题

1 说出两种可以在 Photoshop 中打开的图像类型。

2 如何使用 Adobe Bridge 打开图像文件？

3 如何在 Photoshop 中选择工具？

4 描述两种修改图像视图的方法。

5 有哪两种方式可以获得关于 Photoshop 的更多信息？

复习题答案

1 你可以通过扫描将照片、正片、负片或图形导入到 Photoshop 程序中；捕获数字视频图像；或是导入在绘图程序中创建的作品；还可以导入数码照片。

2 在 Photoshop 中选择 File > Browse In Bridge，打开 Bridge。然后，找到想要打开的图像文件，双击缩略图，在 Photoshop 中打开它。

3 单击工具箱中的一个工具，或按下该工具的快捷键。在选择其他工具之前，当前被选中的工具会一直处于活跃状态。要选择隐藏的工具，可以使用快捷键在工具间进行切换，或在工具箱中的工具按钮上按住鼠标，打开隐藏工具的弹出菜单。

4 从 View 菜单中选择命令来缩放图像，或使其适应屏幕大小，或使用缩放工具点击或拖曳图像来放大或缩小其视图。你也可以使用快捷键或 Navigator 面板来控制图像的显示比例。

5 Photoshop Help 系统包括与 Photoshop 功能相关的完整信息以及快捷键、基于任务的主题和插图。Photoshop 还包括去往 Adobe Systems Photoshop Web 页面的一个链接，你可以在此获得更多与 Photoshop 服务、产品和技巧相关的信息。

第2课 照片校正基础

在本课中，你将学习以下内容：

- 理解图像的分辨率和尺寸；

- 修齐和裁剪图像；

- 调整图像的色调范围；

- 使用 Spot Healing Brush 工具修复图像的一部分；

- 使用内容识别填充来替换图像区域；

- 使用 Clone Stamp 工具来微调图像区域；

- 使用内容识别 Patch 工具来移除或替换对象；

- 从图像中删除数字痕迹；

- 应用 Smart Sharpen 滤镜来完成照片修饰过程。

 学习本课大约需要 1 小时。如果还没有将 Lesson02 文件夹复制到本地硬盘中，请现在就这样做。在学习过程中，请保留初始文件。如果需要恢复初始文件，只需要从配套光盘中再次复制它们即可。

　　Adobe Photoshop 包含了大量的工
具和命令，可以用来提升照片的质量。
本课将引导读者经历从获取旧照片到调
整大小并对其进行修饰的整个过程。

2.1 修饰策略

修饰的工作量取决于要处理的图像以及要实现的目标。对于许多图像来说，你可能只需要更改分辨率，修改图像亮度，或是修复微小的瑕疵。对于另一些图像来说，你可能还需要执行其他任务，应用更高级的滤镜。

 注意：在本课中，你将只使用 Adobe Photoshop 来修饰图像。对于其他图像来说，使用和 Photoshop 一起安装的 Adobe Camera Raw，可能工作效率会更高。或者你可以从 Camera Raw 入手，然后转换到 Photoshop 中进行更高级的修饰工作。第 5 课将讲解有关 Camera Raw 工具的内容。

2.1.1 组织一个有效的任务序列

大多数修饰工作都遵循下面这些通用步骤，但是对所有项目来说，并非每一个任务都是必要的。

- 复制原始图像或扫描件；对图像文件的副本进行处理，这样在必要时可以很容易恢复至原来的图像。
- 确保分辨率适合图像的使用方式。
- 裁剪图像至最终尺寸和方向。
- 消除色偏。
- 调整图像的整体对比度或色调范围。
- 修复受损照片扫描件的缺陷（如裂缝、粉尘或污渍）。
- 调整图像特定部分的颜色和色调，以突出高亮、中间调、阴影以及饱和色。
- 锐化图像的整体焦点。

上述任务的顺序可能会依据项目的不同而不同，但是你应该总是先从复制图像并调整其分辨率着手。同样地，锐化通常应该是最后一个步骤。对于其他任务来说，要根据你的项目和计划进行相应考虑，这样才能让一个步骤的结果不会使图像其他部分发生意想不到的改变，迫使你重做一些工作。

2.1.2 根据使用图像的方式调整处理流程

从某种程度上来说，对图像应用什么样的修饰技术取决于用户打算如何使用图像。图像是要用于使用新闻纸的黑白出版物中，还是要在网上全彩色发布，这影响着从图像所需的原始扫描分辨率到色调范围的类型以及颜色校正等环节。Photoshop 支持 CMYK 颜色模式，该模式用于处理使用三原色印刷（process colors）的图像，还支持用于 Web 和移动编辑的 RGB 和其他颜色模式。

2.2 分辨率和图片尺寸

在 Photoshop 中修饰照片的第一步是确保图像有合适的分辨率。分辨率是指描述图像并建立图像细节的小方块（即像素）的数量。分辨率由像素尺寸或是图像水平和垂直方向的像素数决定，如图 2.1 所示。

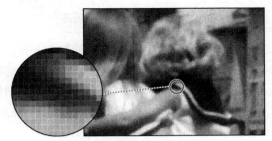

照片中的像素

图2.1

在计算机图形学中，有很多类型的分辨率。

在图像中，每单位长度的像素数称为图像分辨率，通常使用像素 / 英寸（ppi）来衡量。高分辨率的图像所拥有的像素数比低分辨率的图像多，因此文件也更大。Photoshop 可以处理从高分辨率（300 ppi 或更高）到低分辨（72 ppi 或 96 ppi）的图像。

在显示器上，每单位长度的像素数称为显示器分辨率，单位也是像素 / 英寸（ppi）。图像像素被直接转换为显示器像素。在 Photoshop 中，如果图像分辨率高于显示器分辨率，则在屏幕上显示的图像将比它指定的打印尺寸大。例如，如果在 72 ppi 的显示器上显示 1 英寸 ×1 英寸、144 ppi 的图片时，则该图像将在屏幕上占据 2 英寸 ×2 英寸的区域，如图 2.2 所示。

7英寸 ×7英寸，分辨率为72ppi；　7英寸 ×7英寸，分辨率为200ppi；
文件大小为744.2KB，100%的屏幕显示　文件大小为5.61MB，100%的屏幕显示

图2.2

> **注意**：为了确定计划打印的照片的图像分辨率，请遵循用于大型商业打印机打印的彩色或灰色图形的计算机图形学法则：使用打印机网线数的 1.5~2 倍进行扫描。如果图像使用 133 lpi 的网线数来打印，则需要以 200 ppi（133×1.5）的分辨率来扫描图像。

注意：在屏幕上工作时，理解"100%视图"很重要。在100%视图下，一个图像像素等于一个显示器像素。除非图像的分辨率和显示器的分辨率完全相同，否则屏幕上的图像尺寸（以英寸为例）会比打印出来的图像尺寸大或小。

直接制版机或激光打印机在每英寸中打印的墨点数称为打印分辨率或输出分辨率。高分辨率的图片在高分辨率的打印机中进行打印通常能生成最好的图片质量。印刷图像的合适分辨率取决于打印机分辨率和网线数（即用于再现图像半色调网屏的每英寸的线数 [lpi]）。

要记得图像分辨率越高，图像文件就越大，从网上打印或下载所需的时间就越长。

关于分辨率和图像大小的更多信息，请参阅 Photoshop Help。

2.3 概述

在本课中，你将修饰一张已破损、变色的旧照片的扫描件，使其可以共享或打印出来。最终的图像大小为 7 英寸 ×7 英寸。

首先，可以对初始图像和处理后的图像进行对比。

1 选择 Start > All Programs > Adobe Bridge CC（Windows）或双击 Application 文件夹中的 Adobe Bridge CC（Mac OS），打开 Adobe Bridge CC。

2 在 Bridge 左上角的 Favorites 面板中单击 Lessons 文件夹。然后，在 CONTENT 面板双单击 Lesson02 文件夹以查看其内容。

3 比较 02Start.tif 和文件 02End.psd 文件，如图 2.3 所示。要放大 CONTENT 面板的缩略图，可将 Bridge 窗口底部的缩略图滑块向右拖动。

图2.3

在 02Start.tif 文件中，注意到图像是歪的，而且颜色比较沉闷，图像有绿色偏色和分散注意力的折痕。在本课中，你将解决所有这些问题，以及其他一些问题。你可以从裁剪和修齐图像开始。

 注意：如果未安装 Bridge，需要从 Adobe Creative Cloud 中安装。更多信息，请见"前言"。

4 双击 02Start.tif 缩略图，在 Photoshop 中打开文件。

5 在 Photoshop 中，选择 File > Save As。从 Format 菜单中选择 Photoshop，并将文件命名为 Working2.psd，如图 2.4 所示。然后单击 OK。

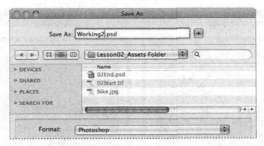

图2.4

2.4 在 Photoshop 中修齐和裁剪图像

你可以使用 Crop 工具来修齐、修剪、缩放照片。你可以使用 Crop 工具或 Crop 命令来裁剪图像。在默认情况下，裁剪图像会删除裁剪的像素。

1　在工具箱中，选择 Crop 工具（┺）。

2　在选项栏中，从 Preset Aspect Ratio 菜单中选择 W x H x Resolution（Ratio 是其默认值）。

3　在选项栏中输入图像的尺寸，宽度为 7，高度为 7，分辨率为 200 像素 / 英寸，如图 2.5 所示。

图2.5

> **Ps** **注意**：如果想要进行不具有破坏性的剪裁，取消选择 Delete Cropped Pixels 选项，这样之后可以撤销修改。

出现裁剪网格。裁剪框外面的区域将被裁剪覆盖。首先，开始修齐图像。

4　在选项栏中点击 Straighten，指针变为 Straighten 工具。

5　点击照片左上角，沿着照片顶部边缘拖动一条直线，如图 2.6 所示。

Photoshop 可以修齐图像，因此，你画出的直线和图像区域顶部平行。尽管你是沿着照片顶部画了一条线，但是任何在图像垂直或水平轴上的直线都可以起作用。

现在，开始裁剪白色边框并缩放图像。

6　拖动裁剪网格角上的手柄，使其达到照片本身的边角部分，这样可以裁剪掉白色边框。如果需要调整照片的位置，点击照片，然后在裁剪网格内拖动。

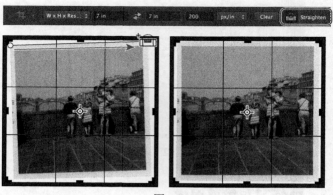

图2.6

7 按下 Enter 键或 Return 键。

现在，图像裁剪完成，裁剪后的图像填充了图像窗口，你可根据自己的要求进行修齐、大小和位置的设定。最终效果如图 2.7 所示。

图2.7

Ps 注意：可以选择 Image > Trim 命令，根据透明色或边缘色来丢弃图像周围的边缘区域。

Ps 注意：要快速修齐照片并裁剪掉扫描件的背景，选择 File > Automate >Crop And Straighten Photos。

8 要查看图像尺寸，在应用程序窗口底部的弹出菜单中选择 Document Dimensions。

9 选择 File > Save，保存你的工作。如果看到 Photoshop Format Options 对话框，单击 OK。

2.5 调整颜色和色调

你将使用 Curves 和 Levels 调整图层来消除图像的色偏并调整其颜色和色调。

1 单击 Adjustments 面板中的 Curves，添加一个 Curves 调整图层，如图 2.8 所示。

2 在 Properties 面板的左侧选择 White Point 工具，如图 2.9 所示。

调整白平衡将修改图像中的所有颜色。为设置精确的白平衡，要从图像中选择一个白色区域。

3 点击女孩衣服上的白色条纹，如图 2.10 所示。

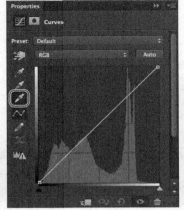

图2.8 图2.9 图2.10

图像的色调发生急剧变化。你可以点击不同的白色区域，例如孩子的水手服、女人衣服上的一个条纹或是女孩的袜子，从而观察每种选择是如何改变颜色的。

在某些图像中，调整白平衡就足以消除色偏并纠正图像的色调。在这里，设置白平衡是不错的开始。接下来使用 Levels 调整图层来微调色调。

4 单击 Adjustments 面板中的 Levels，添加一个 Levels 调整图层。

在 Properties 面板中的 Levels 直方图显示了图像明暗范围的值。你将在第 5 课了解更多关于色阶的内容。现在，只需要知道左侧的三角形代表了黑平衡，右侧的三角形代表了白平衡，中间的三角形则代表了中间色调。

5 将左边的三角形（黑平衡）拖曳到右边直方图的下方，黑色在那里更加明显。这里的值为 15。

6 将中间的三角形向右拖动一点，调整中间色调。这里的值为 90，整体如图 2.11 所示。

图2.11

现在，你已经调整了颜色，你还可以拼合图像，这样工作起来更容易。

7　选择 Layer >Flatten Image。

调整图层将与背景图层合并。

2.6　使用 Spot Healing Brush 工具

接下来的任务是消除照片中的折痕。你将使用 Spot Healing Brush 工具来消除折痕。使用时，还可以用它来解决一些其他问题。

Spot Healing Brush 工具可快速消除污点和其他不理想的部分。它从所修饰的区域周围取样像素，并将样本像素的纹理、光照、透明度和阴影与所修复的像素相匹配。

 注意：Healing Brush 工具的工作原理与 Spot Healing Brush 工具类似，只是在修复前需要指定源像素。

Spot Healing Brush 工具非常适合用于修复肖像中的瑕疵，但也适用于任何与想要修饰区域外观一致的地方。

1　放大图像，以便清楚地看到折痕。

2　在工具箱中，选择 Spot Healing Brush 工具（ 📝 ）。

3　在选项栏中，打开 Brush 弹出面板，将大小设置为 25 像素，将硬度设置为 100%。确保选项栏中的 Content-Aware 已被选中，如图 2.12 所示。

4　在图像窗口中，将 Spot Healing Brush 工具自擦痕的顶部拖曳到底部。向下 4~6 次齐整描边之后，就可以修复整个擦痕了。在拖曳时，描边为黑色，但松开鼠标后，绘制区域便修复好了，如图 2.13 所示。

图2.12

图2.13

5　放大图像，以便看到图像左上方区域中的白线。然后，再次选择 Spot Healing Brush 工具，涂在白线上，如图 2.14 所示。

6　如果需要的话，缩小图像，观察整个天空。然后，在任何想要修复的黑色区域点击 Spot Healing Brush 工具。

图2.14

7 保存目前所做的工作。

作为Gawain Weaver Art Conservation的持有人，Gawain Weaver致力于保护和复原艺术家们的作品，这些艺术家包括Eadward Muybridge、Man Ray、Ansel Adams、Cindy Sherman等。他在世界各地的工作室中教学，并在网上关注和鉴定照片。

欲了解更多信息，请访问gawainweaver.com。

真实世界中的照片复原

Adobe Photoshop CC中的工具可以复原旧的或损坏的照片，这看起来就像魔术一样，这几乎让任何人都拥有了扫描、修饰、打印和装裱照片集的能力。

然而，在处理著名的艺术家、博物馆、画廊和收藏家的作品时，需要最大程度地保留原来的内容，不管作品是否发生意外或损坏。专业艺术保护者呼吁从清洁印刷品表面灰尘和污渍、去除褪色和染色，修复破损、稳定打印等方面来防止未来会出现的损害，甚至是画出作品所缺少的部分。

"保护照片既是一门科学也是一门艺术"，Weaver说，"我们一定要学以致用，我们了解了照片的化学原理，怎样装帧以及任何的清漆或其他涂料，就是为了安全地清洁、维护、提升这些图片。由于在照片的保护工作中，我们不能迅速地'撤销'操作，因此我们必须始终非常谨慎且正确地尊重照片的脆弱性，无论其是一张160年前圣母院的盐印刷图片，还是20世纪70年代半圆顶的明胶银版法印像"。

许多艺术守护者使用的手动工具在Photoshop中都有类似的数字版本。

艺术守护者可能会清洗照片，消除纸张上变色的部分，甚至是使用温和的漂白过程（光漂白）来清除污垢或整体变色的有色成分。在Photoshop中，用户可以使用Curves调整图层来删除图像偏色。

艺术守护者在处理精细的艺术照片时，可能用到特殊的油漆和细刷来手动"漆上"照片的损坏部分。同样，你可以使用Spot Healing Brush工具在Photoshop中删除扫描图像上的灰尘或污垢斑点。

艺术守护者可能会使用日本的纸张和小麦淀粉糊在最后进行富有技巧性的修复之前，认真修复和重塑破损的纸张。在Photoshop中，用户可以只通过点击几下Clone工具来删除扫描图片中的折痕或修复破损。

　　"尽管我们的工作最首要的是要保护并恢复原始的拍摄作品，但是，在某些情况下，特别是与家庭照片相关时，使用Photoshop是比较合适的"，Weaver说，"在很短的时间内可以获得更惊人的结果。数字化后，原来的打印作品安全地存放起来，而数字版可以复制或打印，提供给众多家庭成员。通常情况下，我们首先要清洁或展开这些家庭照片，从而安全地揭示尽可能多的原始图像，然后，在数字化之后，我们在电脑上修复还存在的变色、污渍和破损等"。

AFTER

2.7 使用内容识别填充

你在使用 Spot Healing Brush 工具时，便选中了选项栏中的 Content-Aware。当 Content-Aware 被选中时，Photoshop 使替代像素同周围区域匹配。你还可以在应用填充时使用 Content-Aware 选项。使用内容识别填充可以消除图像左侧的令人分心的黑色阴影部分。

 提示：在本课中出现的许多技术均可应用于任何污点中。你可以尝试不同技术，从而找出能够解决问题的最好方法。

1　在工具箱中选择 Rectangular Marquee 工具（▢）。

2　在图像左侧的阴影周围拖动 Rectangular Marquee 工具。你做出的选择决定了填充区域。为达到最佳效果，请选择完整的阴影部分，使其从墙上方延伸到水里。保持选区在石块垂直线的左侧，如图 2.15 所示（在之后的练习中，会用到此垂直线）。

3　选择 Edit > Fill。

4　在 Fill 对话框中，确保在 Use 菜单中已选择 Content-Aware，然后单击 OK，如图 2.15 所示。

 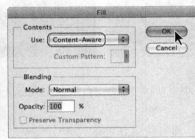 

图2.15

黑色阴影被同周边墙壁和地面相匹配的填充所取代。如果不满意结果，选择 Edit > Undo，点击图像其他任意区域取消选择，然后重复步骤 2~4，并再次使用填充。

5　如果满意填充效果，点击图像任意其他位置取消选择。

6　保存至今为止的工作。

2.8 使用 Clone Stamp 工具修复区域

Clone Stamp 工具使用图像中一个区域的像素来替换另一部分的像素。使用这一工具，你不但可以从图像中删除不想要的东西，还可以填充通过扫描受损原作得到的图片中缺失的区域。

你可以使用 Clone Stamp 工具来改善应用了内容识别填充的墙壁，这样石块就会有更多定义和种类。

1　在工具箱中选择 Clone Stamp 工具（▲）。

2　在选项栏中，打开 Brush 弹出菜单，并将大小和硬度分别设置为 21 和 30%。然后，确保选中了 Aligned 选项，如图 2.16 所示。

图2.16

3 将 Clone Stamp 工具移动到石块黑色区域垂直线的顶部。这就是你想要在其他地方复制过来以便更好地定义填充的石块的那条线。在处理这一区域时，如果你选择的源与正在修改的石头的颜色相匹配，可以达到最佳效果（你可能需要放大图像来清晰地查看该区域）。

4 按住 Alt 键（Windows）或 Option 键（Mac OS）并单击，对图像进行取样（按住 Alt 或 Option 键时，鼠标变成瞄准器），如图 2.17 所示。

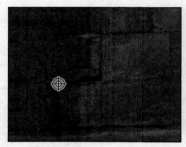
图2.17

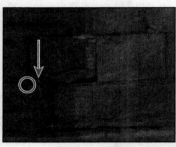
图2.18

5 向下拖动 Clone Stamp 工具，到达想要在石块之间定义一条直线的地方（见图 2.18），然后松开鼠标。

每次单击 Clone Stamp 工具，都将使用新的取样点，且单击点与取样点的关系始终与首次仿制时相同。也就是说，如果继续向右绘制，它将从右边的石块而不是最初的源点取样。这是由于在选项栏中选择了 Align。如果每次都想要从相同的源点取样，那么就要取消选中 Aligned。例如，你想要绘制出多条垂直线。

6 继续修改石块。克隆石块间的线条以及石块内的纹理。你可根据自己的喜好来确定，必要时重新设置源点。你还可以改变画笔的大小或是其他设置。记住，你可以撤销任何不喜欢的克隆，如果想全部重新开始，选择 File > Revert。

7 对石块的外观满意后，选择 File > Save。

2.9 使用内容识别修补

你还可以使用另一个内容识别工具从照片右侧删去无关人士。在 Content-Aware 模式下使用 Patch 工具与克隆不同，因为你不是将图像的一部分内容复制到另一部分中。实际上，它更像是变魔术。

1 在工具箱中，选择 Patch 工具（🩹），该选项隐藏在 Spot Healing Brush 工具下方（🖊）。

2 在选项栏中，从 Patch 菜单中选择 Content-Aware。然后从 Adaptation 菜单中选择 Very Strict，并确保 Sample All Layers 被选中，如图 2.19 所示。

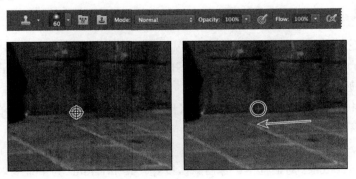

图2.19

3 在男孩和他的影子周围拖曳 Patch 工具，并尽可能地贴近它们。你可能要放大图像，以便更清楚地看到男孩。

4 单击刚刚选定的区域内部，将其拖曳到左侧。Photoshop 显示用来取代男孩的内容的预览图。继续向左拖动该区域，直到预览区域不再和男孩占据的区域有所重叠，但是也不要和女人及其怀中抱着的女孩重叠。当修补区域定位到想要的位置时，松开鼠标。

刚才选定的区域发生了改变，以匹配它周围的区域。男孩消失了，他站立的地方成为了一节桥壁和一栋建筑物。整体效果如图 2.20 所示。

图2.20

5 选择 Select > Deselect。

这样做的效果相当不错，但是还不算太完善。你可以使用 Clone Stamp 工具使桥壁的高度规则整齐，使建筑物的窗户变得平整。

6 在工具箱中选择 Clone Stamp 工具，并选择像素为 60，硬度为 30% 的画笔。

7 在桥壁顶部光滑的区域选择一个源点。然后，拖曳 Clone Stamp 工具到达修补区域中桥壁的高度。

8 在桥壁底部平整的区域选择源点，然后，在修补过的桥壁底部拖曳 Clone Stamp 工具，如图 2.21 所示。

图2.21

9 选择一个尺寸较小的画笔，并取消选择 Aligned。然后，在修补的建筑物最下方最右侧的窗户上选择源点。拖曳鼠标并点击，以创建出一样的窗户，如图 2.22 所示。

图2.22

10 重复步骤 9，对建筑物最下方和建筑物前面的桥壁进行任何需要的调整。

11 如果愿意，你可以使用尺寸较小的画笔修复桥壁上修补过的石头部分，就像在左侧做的那样。

12 选择 Select > Deselect。最终效果如图 2.23 所示。

图2.23

13 保存你的工作。

2.10 锐化图像

修饰照片时，你可能想执行的最后一个任务就是锐化图像。在 Photoshop 中，锐化图像有几种不同的方法，不过 Smart Sharpen 滤镜可以给你最多的控制。由于锐化能够营造出图像更清晰的假象，所以要删除人工痕迹。

1 放大至约 400％，可以清楚地看到男孩衬衫上的人工痕迹。上面有在扫描过程中形成的彩色圆点。

2 选择 Filter > Noise > Dust & Scratches。

3 在 Dust & Scratches 对话框中，保留默认设置，其中 Radius 为 1 个像素，Threshold 为 0，然后单击 OK，如图 2.24 所示。

图2.24

Threshold 的值决定了像素的色调必须与周边像素相差多少才会被消除。Radius 的值决定了不同像素的搜索区域。默认值适用于如这幅图像中一样的微小彩色圆点。

现在，人工痕迹都消除了，可以开始进行图像锐化了。

4 选择 Filter > Sharpen > Smart Sharpen。

5 在 Smart Sharpen 对话框中，确定选中了 Preview，这样可以在图像窗口查看调整后的设置效果。

你可以在对话框的预览窗口内拖动鼠标，以看到图片的不同部分，或是使用缩略图下方的加号和减号按钮放大或缩小图片。

6 确保在 Remove 菜单中选择了 Lens Blur。

你可以使用 Smart Sharpen 滤镜去除镜头模糊、高斯模糊或运动模糊。

7 拖曳 Amount 滑块至 60% 左右，以锐化图像。

8 拖曳 Radius 滑块至大约 1.5。

Radius 的值决定了边缘像素周围将有多少像素会影响锐化。图像的分辨率越高，Radius 的设置应越大。

9 对结果满意后，单击 OK 应用 Smart Sharpen 滤镜，如图 2.25 所示。

图2.25

10 选择 File > Save，然后关闭项目文件。

图片制作完成，你可以和别人分享或是打印出来了。

将彩色图像转换为黑白图像

通过在Photoshop中将彩色图像转换为黑白图像，可以得到十分不错的效果。

1 选择 File > Open，找到 Lesson02 文件夹中的 bike.jpg 文件，单击 Open。

2 如果在 Camera Raw 中打开了文件，单击 Open Image 按钮，以在 Photoshop 中打开它。

3 在 Adjustments 面板中，点击 Black & White 按钮添加一个 Black & White 调整图层，如图 2.26 所示。

4 调整颜色滑块以修改颜色通道的饱和度。你也可以尝试预设菜单中的选项，比如 Darker 或 Infrared。或者选择 Adjustments 面板左上角的工具，然后在图像中拖曳，以调整与该区域相关的颜色（这里加暗了自行车，并让背景区域更亮）。

5 如果要给照片添加色调，可选择 Tint。然后单击右边的调色板并选择一种颜色（这里使用的 RGB 值分别 227、209、198），如图 2.27 所示。

图2.26

图2.27

复习

复习题

1 分辨率指的是什么？

2 Crop 工具有什么用途？

3 如何在 Photoshop 中调整图像的色调和颜色？

4 使用什么工具可以消除图像中的瑕疵？

5 怎样从图片中删除例如彩色像素等的数字痕迹？

复习题答案

1 分辨率指的是描述图像并构成图像细节的像素数。图像分辨率和显示器分辨率的单位都是像素 / 英寸（ppi），而打印机（或输出）分辨率的单位是墨点 / 英寸（dpi）。

2 可以使用 Crop 工具对图像进行剪切、缩放和修齐。

3 在 Photoshop 中，要想调整图像的色调和颜色，首先可以使用 Curves 调整图层中的 White Point 工具。然后，使用 Levels 调整图层来调整色调。

4 Healing Brush、Spot Healing Brush、Patch 工具、Clone Stamp 工具和内容识别填充都可以让你使用图像中的其他区域替换图像中不想要的部分。Clone Stamp 工具可以精确地复制源区域；Healing Brush 和 Spot Healing Brush 工具将修复区域与周围像素混合。Spot Healing Brush 工具根本不需要设置取样源就可以修复区域，使其与周围像素相匹配。Content-Aware 模式中的 Patch 工具和内容识别填充将选定区域替换为与周边区域匹配的内容。

5 Dust & Scratches 滤镜可以从图像中删除数字痕迹。

第3课 使用选区

在本课中，你将学习以下内容：

- 使用选取工具让图像的特定区域处于活动状态；
- 调整选取框的位置；
- 移动和复制选区内容；
- 结合使用键盘和鼠标来节省时间，并减少手部移动；
- 取消选区；
- 限制选区的移动方式；
- 使用方向键调整选区的位置；
- 将区域加入选区以及将区域从选区中删除；
- 旋转选区；
- 使用多种选取工具创建复杂选区。

学习本课需要大约 1 小时。如果还没有将 Lesson03 文件夹复制到本地硬盘中，请现在就这样做。在学习过程中，请保留初始文件；如果需要恢复初始文件，只需要从配套光盘中再次复制它们即可。

学习如何选择图像区域至关重要，
因为要修改区域就要先选中该区域。建
立选区后，只能编辑选区内的区域。

3.1 选择和选取工具

在 Photoshop 中，对图像中的区域进行修改由两个步骤组成。首先，使用某种选取工具来选择要修改的图像区域。然后，使用其他工具、滤镜或功能进行修改，比如将选中的像素移动到其他位置或对选定区域应用滤镜。你可以基于大小、形状和颜色来创建选区。选择的过程可以将修改限制在选区内，其他区域不受影响。

> **Ps** | **注意**：你将在第 8 课学习如何使用钢笔工具选择矢量区域。

对于一个特定区域来说，什么是最佳的选区工具取决于该区域的特征，比如颜色和形状。以下有 4 种类型的选取工具。

- 几何选取工具：使用 Rectangular Marquee 工具（⬚）在图像中选择矩形区域；Elliptical Marquee 工具（○）隐藏在 Rectangular Marque 工具的后面，用于选择椭圆形区域；Single Row Marquee 工具（┅）和 Single Column Marquee 工具（▮）分别用于选择一行和一列像素，如图 3.1 所示。

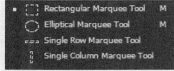

图3.1

- 手绘选取工具：围绕一个区域拖曳 Lasso 工具（♀）可以生成手绘选区；使用 Polygonal Lasso 工具（◹），通过单击可以设置锚点，进而创建由线段环绕而成的选区；Magnetic Lasso 工具（◨）类似于上述两种套索工具的组合，当你想要选择的区域与其周围环境存在明显的对比度时，可以用来产生最佳效果，如图 3.2 所示。

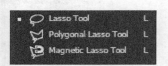

图3.2

- 基于边缘的选取工具：Quick Selection 工具（◿）通过自动查找边缘并沿着图像的边缘快速建立选区。

- 基于颜色的选取工具：Magic Wand 工具（🪄）基于相邻像素颜色的相似性来选择图像中的区域。在选择具有怪异形状但颜色在特定范围内的区域时，这个工具十分有用，如图 3.3 所示。

图3.3

3.2 概述

首先来看看你在 Adobe Photoshop 中学习选取工具时，将要创建的图像。

1 启动 Photoshop，然后立刻按下 Ctrl + Alt + Shift 键（Windows）或是 Command + Option + Shift（Mac OS）以恢复默认首选项。

2 出现提示对话框时，点击 Yes，确认想要删除 Adobe Photoshop 设置文件。

3 选择 File > Browse In Bridge，打开 Adobe Bridge。

> **Ps** | **注意**：如果没有安装 Bridge，当你在选择 Browse In Bridge 时会提示安装。更多信息，请见"前言"。

4 在 Favorites 面板中单击 Lessons 文件夹。然后，双击 CONTENT 面板中的 Lesson03 文件夹，查看其内容。

5 研究 03End.psd file 文件，效果如图 3.4 所示。如果希望看到图片的更多细节，可以将缩略图滑块向右移动。

图3.4

本课的项目是一幅拼贴画，其中包括一块珊瑚、一个海胆、一个贻贝、一只鹦鹉螺和一碟小贝壳。本课所面临的挑战是对这些元素进行排列，它们被扫描到了 03Start.psd 文件的一页内容中。

6 双击文件 03Start.psd 缩略图，在 Photoshop 中打开该图像文件。

7 选择 File > Save As，将该文件重新命名为 03Working.psd，并单击 Save。

通过保存原始文件的另一个版本，可以避免覆盖原始文件。

3.3 使用 Quick Selection 工具

使用 Quick Selection 工具是最容易的一种选区创建方法。你只需要在图像上拖曳，该工具就会自动找到图像边缘。也可以将区域添加到选区中或从选区中减去，直到对选区满意为止。

在 03Working.psd 文件中，海胆的边缘十分清晰，非常适合用 Quick Selection 工具来选择。你可以只选择海胆，而不选择它后面的背景部分。

1 在工具箱中选择 Zoom 工具，然后放大图片，以便能够清晰地看见海胆。

2 在工具箱中选择 Quick Selection 工具（ ）。

3 在选项栏中选择 Auto-Enhance，如图 3.5 所示。

图3.5

当 Auto-Enhance 被选中时，Quick Selection 工具可以创建质量更好的选区，对于选取对象来说，边缘更加真实。尽管选取过程会比不使用 Auto-Enhance 的 Quick Selection 工具慢一些，但是效果会更佳。

4 单击海胆边缘附近的米黄色区域，如图 3.6 所示。

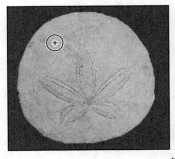

图3.6

Quick Selection 工具将自动查找全部边缘并选择整个海胆。让选区处于活动状态，以便在下个练习中使用。

3.4 移动选区

一旦建立选区，你做的任何修改将只应用于选区内的像素。图像的其他部分不会受到修改的影响。

要将选中的图像区域移动到另一个位置，可以使用 Move 工具。该图像只有一个图层，因此移动的像素将替换它下面的像素。只有当取消选择移动的像素后，这种修改才会固定下来，因此，你可以尝试将选区移动到不同位置，然后进行最终的提交。

1　如果海胆没有被选中，请重复前一个练习，选中它。

2　缩小图像以便可以同时看到拼贴画和海胆。

3　选择 Move 工具（▸₊）。要注意海胆始终是被选中的，如图 3.7 所示。

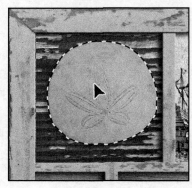

图3.7

4　将选区（海胆）拖曳到相框左上方标记"A"的地方。将其放置于相框中轮廓的上方，使得轮廓左下方看起来像一片阴影。

5　选择 Select > Deselect，然后选择 File > Save。

在 Photoshop 中，无意间取消选择的可能性不大。除非某个选取工具处于活动状态，否则在图片的其他地方单击不会取消选择。要取消选择，可以选择 Select > Deselect，或者按下 Ctrl + D（Windows）或 Command + D（Mac OS）；或是在选择了某个选取工具的情况下，在当前选区外单击，这将取消当前选区并开始建立新选区。

Julieanne Kost是Adobe Photoshop官方的布道者

来自Photoshop布道者的提示

Move工具使用技巧

使用Move工具在一个多图层文件中移动对象时，如果突然需要选择其中的一个图层，你可以这样做：在选中Move工具之后，将鼠标指向图像的任何区域，然后单击鼠标右键（Windows）或按住Control键并单击鼠标（Mac OS）。鼠标下面的图层将出现在上下文菜单中。选择要激活的图层。

3.5　处理选区

当你创建选区时，可以移动选区，调整其位置，甚至是复制选区。在本节，你将学习处理选区的多种方法。这些方法大多数可以处理所有选区，但是，这里将和 Elliptical Marquee 工具一起使用这些方法，从而让你选择椭圆形和圆形。

本节将介绍一些键盘快捷键，以节省时间并减少手部的移动。

3.5.1　创建选区时调整其位置

选择椭圆形或圆形区域需要一些技巧。你应该从什么地方开始拖曳并非总是很明显，有时选区会偏离中心或者长宽比与需求不符。在本练习中，你将学习应对这些问题的方法，其中包括两个重要的键盘鼠标组合，从而能够更轻松地使用 Photoshop。

在进行本练习时，一定要遵循有关按住鼠标按键和键盘按键的指示。如果你在错误的时间不小心松开了鼠标按键，只需要从第 1 步开始重做即可。

1　选择 Zoom 工具（🔍），单击图像窗口底部的那碟贝壳，将其至少放大到 100%（你可以使用 200% 的视图，前提是这不会导致整碟贝壳超出屏幕窗口）。

2　选择隐藏在 Rectangular Marquee 工具（▯）后面的 Elliptical Marquee 工具（○）。

3　将鼠标指向这碟贝壳，向右下方拖曳创建一个椭圆形选区，但不要松开鼠标。选区与碟子形状可以不重叠。

如果不小心松开了鼠标按钮，请重新创建选区。在大多数情况下（包括此处的情况），新选区将替代原来的选区。

4　在按住鼠标的同时按下空格键，并拖曳选区。这将移动选区，而不是调整选区的大小。调整选区的位置，使其与碟子更为严格地对齐。

5　松开空格键（但不要松开鼠标），继续拖曳使选区的大小和形状尽可能与碟子匹配。必要时再次按下空格键并拖曳，将选框移到碟子周围的正确位置，整个过程如图 3.8 所示。

 注意：没有必要包含整个碟子的每一个像素，但选区的形状应该与碟子相同，且包含所有贝壳。

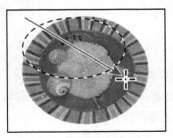 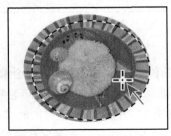 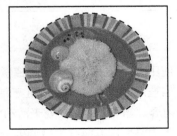

开始拖曳选区　　　　　　　按下空格键移动选区　　　　　　　完成选区

图3.8

6　当选区的位置合适后松开鼠标。

7 选择 View > Fit On Screen 或使用 Navigator 面板中的滑块来缩小视图，直到能够看到图像窗口中的所有对象。

保持 Elliptical Marquee 工具被选中，让选区处于活动状态，供下一个练习使用。

3.5.2 使用键盘快捷键移动选中的像素

现在将使用键盘快捷键将选定像素移动到木板上。可使用键盘快捷键暂时从当前工具切换到 Move 工具，没有必要从工具箱中选中它。

1 如果这碟贝壳尚未被选中，请重复前面的练习来选择它。

2 在工具箱中的 Elliptical Marquee 工具（○）被选中的情况下，按住 Ctrl（Windows）或 Command（Mac OS）键并将鼠标指向选区。

鼠标现在包含一把剪刀（✄），这表明将从当前位置剪切选区。

3 将整碟贝壳拖曳到木板上标有"B"的区域（稍后将使用另一种方法微调碟子，使其位于确切的位置）。

4 松开鼠标但不要取消选择碟子。最终效果如图 3.9 所示。

图3.9

 注意：开始拖曳之后可以松开 Ctrl 或 Command 键，Move 工具仍将处于活动状态。在选区外单击鼠标或是使用 Deselect 命令取消选择后，Photoshop 将自动回到以前选择的工具。

3.5.3 用方向键进行移动

使用方向键可以微调选定像素的位置。你可以每次以 1 个像素或 10 像素来移动选区。

当选取工具在工具箱中处于活动状态时，使用方向键可轻松地微调选区边界，但不会移动选区的内容。当 Move 工具处于活动状态时，使用方向键可同时移动选区边界及其内容。

下面将使用方向键来微调碟子。开始操作前，要确保在图像窗口中选择了碟子。

1 按住键盘中的向上方向键（▯）几次，将碟子向上移动。

要注意，每按一次方向键，这碟贝壳都将移动 1 像素。尝试按下其他方向键，看看这将如何影响选区的位置。

2 按住 Shift 键的同时，按下方向键。

当按住 Shift 键时，每按一次方向键，选区将移动 10 像素。

有时候，选区的边界会妨碍调整。可暂时隐藏选区边界（而不取消选择），并在完成调整后再显示选区边界。

3 选择 View > Show > Selection Edges 或 View > Extras。

这会隐藏这碟贝壳周围的选区边界。

4 使用方向键轻移这碟贝壳，移到所需的位置，直到在碟子的左边和底部有阴影出现。然后选择 View > Show > Selection Edges，以便再次显示选区边界，如图 3.10 所示。

 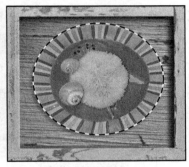

隐藏的选区边界 　　　　　　　　可见的选区边界

图3.10

5 选择 Select > Deselect，也可按 Ctrl + D（Windows）或是 Command + D（Mac OS）。

6 选择 File > Save，保存目前所做的工作。

3.6 使用 Magic Wand 工具

Magic Wand 工具用于选择特定额色或颜色范围内的所有像素。在选择一个颜色相似的区域，而且该区域是由不同颜色的区域所包围时，Magic Wand 工具会相当有用。与很多选取工具一样，创建初始选区后，你可以向选区中添加区域或将区域从选区中减去。

Tolerance 选项用于设置 Magic Wand 工具的灵敏度，其值可以限制或扩展像素相似性的范围。默认的容差值是 32，这意味着将选择与指定的颜色色调相差不超过 32 的颜色。你可能需要根据图像的颜色范围和变化程度调整容差值。

如果要选择的区域包含多种颜色，可是其背景是另一种颜色，则选择背景比选择该区域更容易。在这个过程中，你可以使用 Rectangular Marquee 工具选择一个较大的区域，然后，使用 Magic Wand 工具将背景从选区中剔除。

1 选择隐藏在 Elliptical Marquee 工具（○）后面的 Rectangular Marquee 工具（□）。

2 绘制一个环绕珊瑚的选区。确保选区足够大，以便在珊瑚和选区边界之间留一些空白，如图 3.11 所示。

此时，珊瑚和白色背景都被选中了。下面从选区中减去白色背景，以便只留下珊瑚。

3　选择隐藏在 Quick Selection 工具（✐）后面的 Magic Wand 工具（✎）。

图3.11

4　在选项栏中，确定 Tolerance 值为 32，这个值决定了魔棒选择的颜色范围，如图 3.12 所示。

图3.12

5　在选项栏中选择 Subtract From Selection 按钮（▣）。

鼠标将变成带减号的魔棒。现在，你选择的所有区域都将从初始选区中减去。

6　单击选区内的白色背景，如图 3.13 所示。

图3.13

Magic Wand 工具将选择整个背景，并将其从选区中减去。这样就取消选择了所有白色像素，而只选择了珊瑚。

7　选择 Move 工具（⊹），将珊瑚拖曳到木板中心标记为"C"的右上方，使阴影出现在珊瑚的左侧和下面。

8　选择 Select > Deselect，然后保存所做的修改。最终效果如图 3.14 所示。

图3.14

柔化选区边缘

要使选区的硬边缘更光滑，你可应用消除锯齿或羽化，或是使用Refine Edge选项。

消除锯齿通过柔化边缘像素和背景像素之间的颜色过渡使锯齿边缘更光滑。由于只有边缘像素被修改，因此不会丢失细节。在剪切、复制和粘贴选区以创建合成图像时，消除锯齿功能十分有用。

使用Lasso、Polygonal Lasso、Magnetic Lasso、Elliptical Marquee和Magic Wand工具时，都可以使用消除锯齿功能（选择这些工具后，将显示相应的选项栏）。要使用消除锯齿功能，必须在创建选区之前选中该选项。一旦创建选区，就不能再对其使用消除锯齿功能。

羽化通过在选区与其周边像素之间建立过渡边界来模糊边缘。这种模糊可能导致选区边缘的一些细节丢失。

在使用选框和套索工具时可启用羽化，也可对已有的选区使用羽化功能。移动、剪切或复制选区时，羽化效果将极其明显。

- 要使用 Refine Edge 选项，需要先创建选区，然后在选项栏中单击 Refine Edge，打开对话框。可以使用 Refine Edge 选项对选区轮廓进行平滑、羽化、收缩或扩展。
- 要使用消除锯齿功能，可选择 Lasso 工具、Elliptical Marquee 或 Magic Wand 工具，然后在选项栏中选择 Anti-alias。
- 要为选取工具定义羽化边缘，可选择任何套索或选框工具，然后在选项栏中输入一个 Feather 值。这个值指定了羽化后的边缘宽度，其取值范围为 1~250 像素。
- 要为已有的选区定义羽化边缘，可选择 Select > Modify > Feather，然后在 Feather Radius 中输入一个值，并单击 OK。

3.7 使用索套工具进行选择

前面提到，Photoshop 包括三种套索工具：Lasso 工具、Polygonal Lasso 工具和 Magnetic Lasso 工具。你可使用 Lasso 工具选择需要通过手绘和直线选取的区域，并使用键盘快捷键在 Lasso 工具和 Polygonal Lasso 工具之间来回切换。下面将使用 Lasso 工具来选择贴贝。使用 Lasso 工具需要一些实践，才能在直线和手动选择中进行自由切换。如果在选择贴贝时出现错误，只需取消选择并从头再来即可。

1 选择 Zoom 工具（🔍），单击贴贝，直到将视图放大到 100%。确保能在窗口中看到整个贴贝。
2 选择 Lasso 工具（⟋）。从贴贝的左下角开始，绕贴贝的圆头拖曳鼠标，拖曳时尽可能贴近贴贝边缘。不要松开鼠标。

3 按住 Alt（Windows）或 Option（Mac OS），然后松开鼠标，鼠标将变成多边形套索形状
（🐾）。不要松开 Alt 或 Option 键。

4 从贻贝的末尾开始，沿贻贝轮廓单击以放置锚点。在此过程中不要松开 Alt 或 Option 键。整
个过程如图 3.15 所示。

 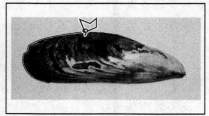

使用Lasso工具进行拖曳　　　　　　　　使用Polygonal Lasso工具单击

图3.15

选区边界将橡皮筋一样沿锚点延伸。

5 到达贻贝较小的一端后，松开 Alt 和 Option 键，但不要松开鼠标。鼠标将恢复为套索图标。

6 沿贻贝较小的一端拖曳，不要松开鼠标。

7 绕过贻贝较小的一端并到达贻贝的下边缘后，按住 Alt 或 Option 键，然后松开鼠标。
与对贻贝较大一端所做的一样，使用 Polygonal Lasso 工具沿着贻贝的下边缘不断单
击，直到回到贻贝较大一端的起点，该起点靠近图像的左侧。

8 单击选区的起点，然后松开 Alt 或 Option 键，这样就选择了整个贻贝，如图 3.16 所示。
让贻贝处于选中状态，供下一个练习中使用。

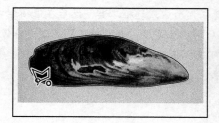 

图3.16

3.8　旋转一个选区

现在，你将旋转贻贝。

开始之前，确保贻贝处于被选中状态。

1 选择 View > Fit On Screen，调整图像窗口的大小使其适合屏幕。

2 在将贻贝拖曳至木板标识为 "D" 的区域时，按住 Ctrl（Windows）或 Command（Mac OS）。
按住 Ctrl（Windows）或 Command（Mac OS）时，鼠标将变成 Move 工具图标。

3 选择 Edit > Transform > Rotate。

贻贝和选框周围会出现定界框。

4 将鼠标指向定界框的外面，鼠标变成弯曲的双向箭头（↰）。通过拖曳将贻贝旋转 90°。可通过选项栏中的 Rotate 文本框验证旋转角度。按 Enter 或 Return 键提交变换。

5 如果必要，选择 Move 工具（▸₊）并通过拖曳调整贻贝的位置。对结果满意后，选择 Select > Deselect。整个过程如图 3.17 所示。

图3.17

6 选择 File > Save。

3.9 使用 Magnetic Lasso 工具进行选择

你可以使用 Magnetic Lasso 工具手动选择边缘反差强烈的区域。使用 Magnetic Lasso 工具绘制选区时，选区边界将自动与反差强烈的区域边界对齐。你还可偶尔单击鼠标，在选区边界上设置锚点，以控制选择路径。

下面使用 Magnetic Lasso 工具选择鹦鹉螺，以便将其移至木板上。

1 选择 Zoom 工具（🔍）并单击鹦鹉螺，至少将其放大至 100%。

2 选择隐藏在 Lasso 工具（🔾）后面的 Magnetic Lasso 工具（🔾）。

3 在鹦鹉螺左边缘单击，然后沿鹦鹉螺轮廓移动 Magnetic Lasso 工具，如图 3.18 所示。

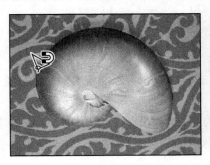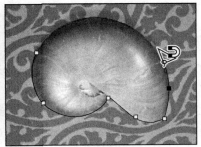

图3.18

即使没有按下鼠标，Magnetic Lasso 工具也会使选区边界与鹦鹉螺边缘对齐，并自动添加固定点。

 提示：在反差不大的区域中，可通过单击鼠标的方式来放置固定点。你可以根据需要随意添加。可以按 Delete 键删除最新的固定点，然后将鼠标移动到留下的固定点并继续选择。

4 回到鹦鹉螺左侧后双击鼠标，让 Magnetic Lasso 工具回到起点，形成封闭选区。也可将 Magnetic Lasso 工具指向起点，然后再单击，如图 3.19 所示。

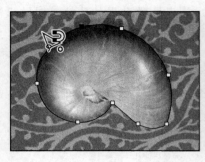

图3.19

5 双击 Hand 工具（🖑），使图像适合图像窗口。

6 选择 Move 工具（▶╋），将鹦鹉螺拖曳到其轮廓中，轮廓在标记为"E"的框架选区中。

7 选择 Select > Deselect，再选择 File > Save。最终效果如图 3.20 所示。

图3.20

3.10 从中心点选择

在某些情况下，从对象的中心点绘制椭圆形或矩形选区会更加容易。你可以使用这一技巧选取螺丝钉顶部，将其放置在木板的角上。

1 选择 Zoom 工具（🔍），放大螺丝钉至大约 300%。确保在图像窗口可以看到整个螺丝钉。

2 在工具箱中选择 Elliptical Marquee 工具（○）。

3 将鼠标移动到螺丝钉的大致中心位置。

4 单击并开始拖曳。之后，在不松开鼠标按钮的同时，按住 Alt（Windows）或 Option 键（Mac OS）并继续拖动选区至螺丝钉的外边缘。

选区将以其起点的位置为中心。

5 整个螺丝钉被选中后，先松开鼠标按钮，然后松开 Alt 键或 Option 键（如果使用了 Shift 键，也要将其松开），效果如图 3.21 所示。不要取消选择，因为在之后的练习中还会使用它。

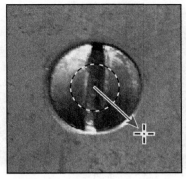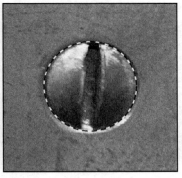

图3.21

> **Ps** 提示：在拖曳时按下 Shift 键，可以选择圆形区域。按住 Shift 键同时拖曳 Rectangular Marquee 工具可以选择正方形区域。

6　如果有必要，可以使用之前学习的任何一种方法重新放置选区的边界。如果在松开鼠标按钮之前不小心松开了 Alt 或 Option 键，需要再次选择螺丝钉。

3.11　改变选区大小以及复制选区

现在，你需要将螺丝钉移动到木板右下角，然后对其进行复制，准备放在其他的角上。

3.11.1　改变选区内容的大小

现在，首先移动螺丝钉，不过对于现有空间来说，它的尺寸过大。你需要调整其大小。

在开始之前，请确保螺丝钉仍被选中。如果没有被选中，请通过前面的练习重新选择它。

1　选择 View > Fit On Screen，使整个图像适合图像窗口。

2　在工具箱中选择 Move 工具（▶⊕）。

3　将鼠标移动到螺丝钉选区的内部。

鼠标变为带着一把剪刀的箭头（✄），这表明拖曳该选区会将其从当前位置剪切掉，并移动到新的位置。

4　将螺丝钉拖曳到木板的右下角。

5　选择 Edit > Transform > Scale，选区四周会出现边界框。

6　向内拖曳一个角点时按下 Shift 键，使螺丝钉缩小至其原始尺寸的 40% 左右，或是小到可以放在木板的相框上即可。然后，按下 Enter 键或 Return 键提交更改，并删除转变的边界框。

在调整选区对象的大小时，选取框的大小也被调整了。在调整选区的同时按下 Shift 键可以限制比例，保证缩小后的对象不会失真。

7　在调整了螺丝钉的大小后，使用 Move 工具重新放置其位置，使其在木板相框的角上的中心位置，如图 3.22 所示。

8 保持螺丝钉处于选中状态，选择 File > Save，保存你的工作。

图3.22

3.11.2　同时移动并复制选区

你可以同时移动并复制选区。下面将复制螺丝钉，将其放在相框的其他三个角上。如果螺丝钉没有被选中，使用之前学到的技术，重新将其选中。

1 选择 Move 工具（▸⊹），在鼠标指向螺丝钉选区的内部时，按住 Alt 键（Windows）或 Option 键（Mac OS）。

鼠标发生变化，显示为常见的黑色箭头外加一个白色箭头，这表明移动选区时还会出现一个副本。

2 将螺丝钉的副本垂直向上拖曳，到达相框的右上角，拖曳时继续按住 Alt 键或 Option 键。松开鼠标以及 Alt 键或 Option 键，但不要取消选择图像副本。

3 按住 Alt+ Shift 键（Windows）或 Option + Shift 键（Mac OS），将新的螺丝钉副本直线拖曳到相框的左上角。

拖动选区时按住 Shift 键，确保以 45° 的增量来水平或垂直拖动。

4 重复步骤 3 将第四个螺丝钉拖动至相框的左下角，过程如图 3.23 所示。

图3.23

5 对第四个螺丝钉的位置满意后，选择 Select > Deselect，然后选择 File > Save。

复制选区

    当你在图像内或图像之间拖动选区时，可以使用Move工具来复制选区。你也可以使用Copy、Copy Merged、Paste和Paste Into命令来复制和移动选区。与上述命令不同，使用Move工具拖曳时不会用到剪贴板，因此可节省内存。

    Photoshop提供了多个复制和粘贴命令。

- Copy 命令复制活动图层上的选区。
- Copy Merged 在选区中创建所有可见图层的合并副本。
- Paste 命令将剪切或复制的选区粘贴到当前图像的另一个地方，或将其作为一个新图层粘贴到另一幅图像中。
- Paste Into 命令将剪切或复制的选区粘贴到同一幅或另一幅图像中的另一个选区中。源选区将粘贴到一个新图层中，而目标选区的边界将被转换为图层蒙版。

    请记住，在分辨率不同的图像之间粘贴选区时，被粘贴数据的像素尺寸将保持不变，这可能导致粘贴的部分与新图像不相称。因此，在复制和粘贴之前，应使用 ImageSize命令将源图像和目标图像的分辨率设置成相同的。

3.12 裁剪图像

    现在合成工作已完成，你需要将图像裁剪到最终尺寸。你可以使用 Crop 工具或 Crop 命令来裁剪图像。

1 选择 Crop 工具（✄），或按 C 键从当前工具切换到 Crop 工具。Photoshop 围绕整个图像显示出裁剪边界。

2 在选项栏中，确保 Preset 弹出菜单中的 Ratio 被选中，而且没有指定具体的比例值。然后，确认 Delete Cropped Pixels 被选中，如图 3.24 所示。

图3.24

当 Ratio 被选中，但没有指定具体值的时候，可以以任何比例裁剪图像。

3 拖动裁剪框，使拼贴画出现在高亮区域中，在图像的底部去掉原来对象中的背景。裁剪相框，使其周围存在均匀的白色区域，如图 3.25 所示。

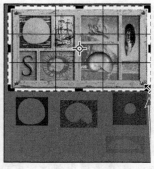

图3.25

4 对裁剪区域的位置满意后，点击选项栏中的 Commit Crop Operation 按钮（✓）。

5 选择 File > Save，保存你的工作。最终效果如图 3.26 所示。

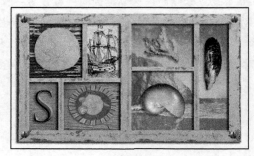

图3.26

你已经使用了几种不同的选区工具，将所有的贝壳放置到了正确位置。拼贴画已经完成。

> **Ps** | 提示：要裁剪图片并保持原始比例不变，可在选项栏的 Preset 弹出菜单中择 Original Ratio。

复习

复习题

1 创建选区后，可对图像的哪些地方进行编辑？

2 如何将区域加入选区以及如何将区域从选区中减去？

3 如何在创建选区的同时移动它？

4 使用 Lasso 工具创建选区时，如何确保选区的形状满足要求？

5 Quick Selection 工具有何用途？

6 Magic Wand 工具如何确定选择图像的哪些区域？什么是容差？它对选区有何影响？

复习题答案

1 只有活动选区内的区域才能编辑。

2 要将区域加入选区，可单击选项栏中的 Add To Selection 按钮，然后单击要添加的区域。要将区域从选区中减去，可单击选项栏中的 Subtract From Selection 按钮，然后单击要减去的区域。也可在单击或拖曳时按住 Shift 键将区域添加到选区中；在单击或拖曳时按住 Alt（Windows）或 Option（Mac OS）键将区域从选区中减去。

3 在不松开鼠标的情况下按住空格键，然后通过拖曳来调整选区的位置。

4 在使用 Lasso 工具时，为了确保选区的形状满足要求，可以拖曳鼠标穿过起点后再结束选择。如果起点和终点不重合，Photoshop 将在它们之间添加一条直线。

5 Quick Selection 工具从单击位置向外扩展，以自动查找和跟踪图像中定义的边缘。

6 Magic Wand 工具根据颜色的相似度来选择相邻的像素。Tolerance 的设置决定了 Magic Wand 工具将要选择的色调范围。Tolerance 的值越大，可选择的色调就越多。

第4课 图层基础

在本课中，你将学习以下内容：

- 在图层上组织图稿；

- 创建、查看、隐藏和选择图层；

- 重新排列图层以改变图片的叠加顺序；

- 对图层应用混合模式；

- 调整图层大小和旋转图层；

- 对图层应用渐变；

- 对图层应用滤镜；

- 在图层中添加文本和图层效果；

- 添加调整图层；

- 保存拼合图层后的文件副本。

 学习本课需要不到 1 小时的时间。如果还没有将 Lesson04 文件夹复制到本地硬盘中，请现在就这样做。在学习过程中，请保留初始文件；如果需要恢复初始文件，只需要从配套光盘中再次复制它们即可。

在 Adobe Photoshop 中，可使用图层将图像的不同部分分开。这样，每个图层都可作为独立的图稿进行编辑，为合成和修订图像提供了极大的灵活性。

4.1 图层简介

每个 Photoshop 文件包括一个或多个图层。新建的文件通常有一个背景图层，其中包含能够透过后续图层的透明区域显示出来的颜色或图像。图像中的所有新图层在加入文本或图稿（像素值）前都是透明的。

操作图层类似于排列多张透明胶片上的绘画部分，并通过投影仪查看它们。可对每张透明胶片进行编辑、删除并调整其位置，而不会影响其他的透明胶片。堆叠透明胶片后，整个合成图便显示出来了。

4.2 概述

首先可以通过查看最终合成的图像来学习本节内容。

1   启动 Photoshop，并立刻按下 Ctrl+Alt+Shift 键（Windows）或 Command+Option+Shift 键（Mac OS）以恢复默认首选项。
2   出现提示对话框时，单击 Yes 按钮，确认删除 Adobe Photoshop 设置文件。
3   选择 File > Browse In Mini Bridge，打开 Mini Bridge 面板。如果 Bridge 没有在后台运行，点击 Launch Bridge。

你可以在不退出 Photoshop 的情况下，访问 Adobe Bridge 中的许多功能。Mini Bridge 面板可让你在使用 Photoshop 处理图像时浏览、选择、打开和导入文件。

4   在 Mini Bridge 面板中，从左侧的弹出菜单中选择 Favorites 按钮。
5   在 Favorites 面板中双击 Lessons 文件夹，然后双击 Lesson04 文件夹。
6   在 Content 面板中选择 04End.psd 文件。按空格键在全屏模式下预览该图像。

这个包含多个图层的合成图是一张明信片。你将制作该明信片，并在这一过程中学习如何创建、编辑和管理图层。

7   再次按空格键返回到 Mini Bridge 面板中，双击 04Start.psd 文件，在 Photoshop 中将其打开。
8   选择 File > Save As，将文件重命名为 04Working.psd，并单击 Save。如果出现 Photoshop Format Options 对话框，单击 OK。

通过存储原始文件的副本，可随意对其进行修改，而不用担心覆盖原始文件。

 注意：如果没有安装 Mini Bridge，会弹出提示安装对话框。更多信息，请见"前言"。

4.3 使用 Layers 面板

Layers 面板显示了图像中所有的图层，包括每个图层的名称以及每个图层中图像的缩略图。可以使用 Layers 面板来隐藏、查看、删除、重命名和合并图层以及调整其位置。编辑图层时，图层图略图将自动更新。

1   如果 Layers 面板在工作区中不可见，选择 Window > Layers。

对于 04Working.psd 文件，Layers 面板中列出了 5 个图层，从上到下依次为 Postage、HAWAII、Flower、Pineapple 以及 Background 图层。

2 如果没有选择 Background 图层，选择它使其处于活动状态，如图 4.1 所示。请注意 Background 图层上列出的缩略图及图标：

- 锁定图标（）表示图层受到保护；
- 眼睛图标（●）表示图层在图像窗口中可见。如果单击眼睛图标，图像窗口将不再显示该图层。

图4.1

在这个项目中，第一项任务是在明信片中添加一张海滩照片。首先，在 Photoshop 中打开这张海滩的照片。

> **Ps 提示**：可以使用上下文菜单隐藏图层缩略图或调整其大小。在 Layers 面板中的缩略图上单击鼠标右键（Windows）或按住 Control 键并单击（Mac OS）以打开上下文菜单，然后选择一个缩略图尺寸。

3 在 Mini Bridge 面板中，双击 Lesson04 文件夹中的 Beach.psd 文件，在 Photoshop 中打开它，如图 4.2 所示。

图4.2

Layers 面板将显示处于活动状态的 Beach.psd 文件的图层信息。请注意，只有一个图层（Layer 1）

出现在了 Beach.psd 的图像中，而不是 Background。更多信息，请参阅下面的补充内容"背景图层"。

背景图层

使用白色或彩色背景创建新图像时，Layers面板中最底端的图层名为 Background。每个图像只能有一个背景图层，你不能修改背景图层的排列顺序、混合模式和不透明度，但可以将背景图层转换为常规图层。

创建包含透明内容的新图像时，该图像没有背景图层。最下面的图层不像背景图层那样受到限制，用户可将它移动到Layers面板中的任何位置，修改其不透明度和混合模式。

要将背景图层转换为常规图层，可执行下述步骤。

1 在 Layers 面板中双击 Background 图层，或选择 Layer > New > Layer From Background。

2 将图层重命名并设置其他图层选项。

3 单击 OK。

要将常规图层转换为背景图层，可执行下述步骤。

1 在 Layers 面板中选择要转换的图层。

2 选择 Layer > New > Background From Layer。

4.3.1 重命名和复制图层

要给图像添加内容并同时为其创建新图层，只需将对象或图层从一个文件拖曳到另一个文件的图像窗口中。无论从源文件的图像窗口还是 Layers 面板中拖曳，都只会在目标文件中复制活动图层。

下面将 Beach.psd 图像拖曳到 04Working.psd 文件中。执行下面的操作前，确保打开了 04Working.psd 和 Beach.psd 文件，而且 Beach.psd 处于选中状态。

首先，将 Layer 1 重命名为一个更具描述性的名称。

1 在 Layers 面板中双击名称 Layer 1，输入 Beach，然后按 Enter 或 Return 键，保持选中该图层，如图 4.3 所示。

图4.3

2 选择 Window > Arrange > 2-Up Vertical。Photoshop 将同时显示两幅打开的图像文件。选择 Beach.psd 图像保持其处于活跃状态。

3 选择 Move 工具（▶⊕），使用它将 Beach.psd 拖曳到 04Working.psd 所在的图像窗口中，如图 4.4 所示。

图4.4

Beach 图层将出现在 04Working.psd 的图像窗口中。同时，在 Layers 面板中，该图层位于 Background 图层和 Pineapple 图层之间，如图 4.5 所示。Photoshop 总是将新图层添加到选定图层的上方；你在前面已经选择了 Background 图层。

图4.5

Ps 提示：在将图像从一个文件拖曳到另外一个文件时，如果按住 Shift 键，被拖曳的图像将自动放置到目标图像窗口的中间。

---

4 关闭 Beach.psd 文件，但不保存对其所做的修改。
5 双击 Mini Bridge 标签，关闭面板。

4.3.2　查看图层

04Working.psd 文件现在包含 6 个图层，其中有些是可见的，有些是隐藏的。在 Layers 面板中，图层缩略图左边的眼睛图标（  ）表明该图层可见。

1　单击 Pineapple 图层左边的眼睛图标（ ），隐藏该图层，如图 4.6 所示。

图4.6

通过单击眼睛图标或在其方框（也称为 Show/Hide Visibility 栏）内单击，可隐藏或显示相应的图层。

2　再次单击 show/Hide Visibility 栏 , 以重新显示 Pineapple 图层。

4.3.3　给图层添加边框

接下来将为 Beach 图层添加一个白色边框，以创建照片效果。

1　选择 Beach 图层（要选择该图层，在 Layers 面板中单击图层名称即可）。

该图层呈高亮显示，表明它处于活动状态。在图像窗口中所做的修改只影响活动图层。

2　为使该图层的不透明区域更明显，可隐藏 Beach 图层之外的所有图层，方法是按住 Alt 键（Windows）或 Option 键（Mac OS）并单击 Beach 图层左边的眼睛图标（ ），如图 4.7 所示。

图4.7

图像中的白色背景和其他东西不见了，只剩下海滩图像出现在棋盘背景上。棋盘指出了活动图层的透明区域。

3　选择 Layer > Layer Style > Stroke。

打开 Layer Style 对话框。下面为海滩图像周围的白色描边设置选项。

4　指定以下设置，如图 4.8 所示。

- Size：5 px。
- Position：Inside。
- Blend Mode：Normal。
- Opacity：100%
- Color：白色（单击 Color 框，并从拾色器中选择白色）。

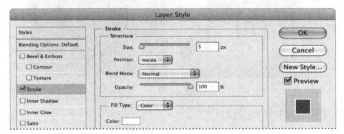

图4.8

5　单击 OK，海滩图像的四周将出现白色边框，如图 4.9 所示。

图4.9

4.4　重新排列图层

图像中图层的排列顺序被称为堆叠顺序。堆叠顺序决定了要如何查看图像。你可以修改堆叠顺序，让图像的某些部分出现在其他图层的前面或后面。

下面重新排列图层，让海滩图像出现在文件中当前被隐藏的另一个图像前面。

1 通过单击图层名左边的 Show/Hide Visibility 栏，让 Postage、HAWAII、Flower、Pineapple 和 Background 可见，如图 4.10 所示。

图4.10

海滩图像几乎被其他图层中的图像遮住了。

2 在 Layers 面板中，将 Beach 图层向上拖到图层 Pineapple 和 Flower 之间，此时这两个图层之间将出现一条较粗的分隔线，随后松开鼠标，如图 4.11 所示。

图4.11

Beach 图层沿堆叠顺序向上移动了一级，海滩图像出现在菠萝和背景图像的上面，但还是在邮戳、花朵和文字"HAWAII"的下面。

 提示：也可以这样控制图像中图层的堆叠顺序：在 Layers 面板中选择相应图层，并选择 Layer > Arrange，然后选择 Bring To Front、Bring Forward、Send To Back 或 Send Backward。

4.4.1　修改图层的不透明度

你可降低任何图层的不透明度，使其他图层能够透过它显示出来。在本例中，花朵上的邮戳标记太深了。你可以通过编辑 Postage 图层的不透明度，让花朵和其他图像透过它显示出来。

1. 选择 Postage 图层，然后单击 Opacity 文本框旁边的箭头以显示 Opacity 滑块，将滑块拖曳到 25%。也可在 Opacity 文本框中直接输入数值或在 Opacity 标签上拖曳鼠标，如图 4.12 所示。

图4.12

Postage 图层将变成部分透明的，这样可看到它下面的其他图层。注意，对不透明度所做的修改只影响 Postage 图层的图像区域，Pineapple、Beach、Flower 和 HAWII 图层仍是不透明的。

2. 选择 File > Save，保存你的工作。

4.4.2　复制图层和修改混合模式

你可以对图层应用各种混合模式。混合模式影响图像中一个图层的颜色像素与它下面图层中像素的混合方式。首先，你将使用混合模式提高 Pineapple 图层中图像的亮度，使其看上去更生动。然后修改 Postage 图层的混合模式（当前，这两个图层的混合模式都是 Normal）。

1. 单击 HAWAII、Flower 和 Beach 图层左边的眼睛图标，以隐藏这些图层。

2. 在 Pineapple 图层上单击鼠标右键或按 Control 键并单击，然后从上下文菜单中选择 Duplicate Layer（确保你单击的是图层名称而不是缩略图，否则会打开错误的上下文菜单），如图 4.13 所示。在 Duplicate Layer 对话框中，单击 OK。

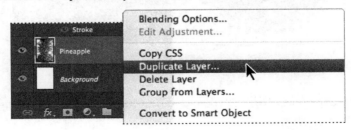

图4.13

在 Layers 面板中，一个名为 Pineapple copy 的图层出现在 Pineapple 图层上面。

Julieanne Kost 是一名官方的Adobe Photoshop布道者

来自Photoshop布道者的工具提示

混合效果

以不同的顺序或编组混合图层时，得到的效果将不同。将混合模式应用于整个图层组时，效果与将该模式应用于各个图层截然不同，如图 4.14 和图 4.15 所示。将混合模式应用于图层组时，Photoshop 将这个图层组视为单个拼合对象，并应用混合模式。你可以尝试不同的混合模式，以获得所需的效果。

图4.14

图4.15

3 在选择了 Pineapple copy 图层的情况下，在 Layers 面板中，从 Blending Mode 菜单中选择 Overlay，如图 4.16 所示。

Overlay 混合模式将 Pineapple copy 图层与它下面的 Pineapple 图层混合，让菠萝更鲜艳、更丰富多彩且阴影更深，高光更亮。

图4.16

4 选择 Postage 图层，并从 Blending Mode 菜单中选择 Multiply，如图 4.17 所示。

图4.17

Multiply 混合模式将上面的图层颜色与下面的图层颜色叠加。在本例中，邮戳将变得更明显。

5 选择 File > Save，保存你的工作。

提示：关于混合模式的更多信息，比如定义以及视觉案例，请参阅 Photoshop Help。

4.4.3 调整图层的大小和旋转图层

你可调整图层的大小并对其进行变换。

1 单击 Beach 图层左边的 Visibility 栏，使该图层可见。

2 在 Layers 面板中选择 Beach 图层，然后选择 Edit > Free Transform。

在海滩图像的四周将出现变换定界框，其每个角和每条边上都有手柄。

首先，你要调整图层的大小和方向。

3 向内拖曳角上的手柄并按住 Shift 键，将海滩图像缩小到大约 50%（请注意选项栏中的宽度和高度百分比）。

4 在定界框仍处于活动状态的情况下，将鼠标指向角上手柄的外面，等鼠标变成弯曲的双箭头后沿顺时针方向拖曳鼠标，将海滩图像旋转 15°；也可在选项栏中的 Set Rotation 文本框中输入 15，如图 4.18 所示。

图4.18

5　单击选项栏中的 Commit Transform 按钮（✔）。

6　使 Flower 图层可见。然后选择 Move 工具（▸⊹），再拖曳海滩图像，使其一角隐藏在花朵的下面。

7　选择 File > Save。最终效果如图 4.19 所示。

图4.19

4.4.4　使用滤镜创建图稿

接下来，你要创建一个空白图层（在文件中添加空白图层相当于向一叠图像中添加一张空白醋酸纸），然后使用 Photoshop 滤镜在该新图层中添加逼真的云彩。

1　在 Layers 面板中，选择 Background 图层，使其处于活动状态，然后单击 Layers 面板底部的 Create A New Layer 按钮（▫）。

在图层 Background 和 Pineapple 之间将出现一个名为 Layer 1 的新图层，该图层没有任何内容，因此对图像没有影响。

2 双击名称 Layer 1，输入 Clouds，然后按 Enter 或 Return 键，将图层重命名，如图 4.20 所示。

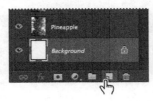

图4.20

3 在工具箱中，单击 Foreground Color 色板，并从 Color Picker 中选择一种天蓝色，
再单击 OK，如图 4.21 所示。这里使用的颜色值为 R=48、G = 138、B = 174。
保持背景色为白色。

4 在 Clouds 图层处于活动状态的情况下，选择 Filter > Render > Clouds，如图 4.22   图4.21
所示。

图4.22

逼真的云彩出现在了图像后面。

5 选择 File > Save。

4.4.5 通过拖曳添加图层

可以这样将图层添加到图像中：从桌面、Bridge、资源管理器（Windows）或 Finder（Mas
OS）拖曳图像文件到图像窗口中。下面要在明信片中再添加一朵花。

1 如果 Photoshop 窗口充满了整个屏幕，请将其缩小。

  • 在 Windows 中，单击窗口右上角的 Maximize/Restore 按钮（▣），然后拖曳 Photoshop
    窗口的右下角将该窗口缩小。

  • 在 Mac OS 中，单击图像窗口左上角绿色的 Maximize/Restore 按钮（●）。

2 在 Photoshop 中，选择 Layers 面板中的 Pineapple copy 副本。

3 在资源管理器（Windows）或 Finder（Mac OS）中，切换到从配套光盘复制到硬盘的 Lessons 文件夹，再切换到 Lesson04 文件夹。

4 选择 Flower2.psd 文件，并将其从资源管理器或 Finder 拖放到图像窗口中，如图 4.23 所示。

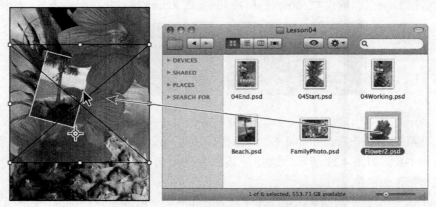

图4.23

Flower2 图层将出现在 Layers 面板中，并位于 Pineapple copy 图层的正上方。Photoshop 将该图层作为智能对象加入，用户对这样的图层进行编辑时，修改不是永久性的。在第 5 课和第 8 课中，你将使用到智能对象。

5 将 Flower2 图层放到明信片的左下角，使得只有一半花朵可见，如图 4.24 所示。

图4.24

6 单击选项栏中的 Commit Transform 按钮（✓），使该图层生效。

4.4.6 添加文本

现在可以使用 Horizontal Type 工具来创建一些文字了，该工具将文本放在独立的文字图层中，然后你可以编辑文本，并将特效应用于该图层。

1 使 HAWAII 图层可见。接下来，在该图层下面添加文本，对这两个图层应用特效。

2 选择 Select > Deselect，不选中任何图层。

3 单击工具箱中的 Foreground Color 色板，并从 Color Picker 中选择一种草绿色，然后单击 OK 关闭 Color Picker。

4 在工具箱中，选择 Horizontal Tool 工具（T），然后选择 Window > Character，打开 Character 面板，在该面板中做如下设置，如图 4.25 所示。

- 选择一种衬线字体（这里使用 Birch Std；如果使用不同的字体，调整相应的其他设置）。
- 选择字体样式（这里使用 Regular）。
- 选择较大的字号（这里使用 36 点）。
- 选择较大的字距（🔲）（这里使用 250）。
- 单击 Faux Bold 按钮（T）。
- 单击 All Caps 按钮（TT）。
- 从 Anti-aliasing 菜单（aa）中选择 Crisp。

图4.25

5 在单词 HAWAII 中的字母 H 的下面单击，并输入 Island Paradise。然后，单击选项栏中的 Commit Any Current Edits 按钮（✔）。

> **Ps** | **注意**：如果单击位置不正确，只需在文字外面单击，然后重复第 5 步。

现在，Layers 面板中包含有一个名为 Island Paradise 的图层，其缩略图标为"T"，这表明它是一个文字图层，该图层位于图层栈的最上面，如图 4.26 所示。

图4.26

文本出现在单击鼠标的位置，这可能不是你希望的位置。

6 选择 Move 工具（✔），拖曳文本 Island Paradise 使其与 HAWAII 居中对齐。最终效果如图 4.27 所示。

图4.27

4.5 对图层应用渐变

你可以对整个图层或图层的一部分应用颜色渐变。在本节中，你将给文字 HAWAII 应用渐变，使其更多姿多彩。首先，选择这些字母，然后应用渐变。

1　在 Layers 面板中，选择 HAWAII 图层使其处于活动状态。

2　在 HAWAII 图层的缩略图上单击鼠标右键或按住 Control 键并单击，再从上下文菜单中选择 Select Pixels，如图 4.28 所示。

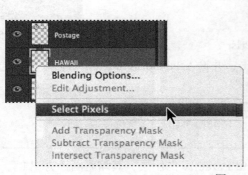

图4.28

这样可以选中 HAWAII 图层的所有内容（白色字母）。选择了要填充的区域后，下面来应用渐变。

3　在工具相中选择 Gradient 工具（▦）。

4　单击工具箱中的 Foreground Color 色板，再从 Color Picker 中选择一种亮橙色，然后单击 OK。背景色应该还是白色。

5　在选项栏中，确定选择了 Linear Gradient（▦）。

6　在选项栏中，单击 Gradient Editor 旁边的箭头打开 Gradient Picker，再选择 Foreground To Background 色板（第一个），然后在渐变选择器外面单击以关闭它，如图 4.29 所示。

7　在选区仍处于活动状态的情况下，从字母底部向顶部拖曳鼠标，要垂直或水平拖曳。可在拖曳时按 Shift 键，如图 4.30 所示。

 提示：可以按照名称而不是样本方式列出渐变。为此，只需单击渐变选择器中的面板菜单按钮，并选择 Small List 或 Large List。也可将鼠标指向缩略图直到出现工具提示，该提示指出了渐变名称。

渐变将覆盖文字，从底部的橙色升始，逐渐变为顶部的白色。

8　选择 Select > Deselect，以取消选择文字 HAWAII。

9　保存所做的修改。

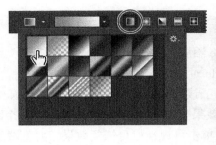

图4.29 图4.30

4.6 应用图层样式

可以添加自动和可编辑的图层样式集合中的阴影、描边、光泽或其他特效来改善图层。可以很容易地将将这些样式应用于指定图层，并同它直接关联起来。

和图层一样，也可在 Layers 面板中单击眼睛图标（👁）将图层样式隐藏起来。图层样式是非破坏性的，可随时编辑它们或将其删除。可将效果拖曳到目标图层上，从而将图层样式应用于其他图层。

你在前面使用了一种图层样式给海滩图像添加边框，下面给文本添加投影，以突出文字。

1 选择 Island Paradise 图层，然后选择 Layer > Layer Style > Drop Shadow。

> **Ps** 提示：也可单击 Layers 面板底部的 Add A Layer Style 按钮，然后从弹出菜单中选择一种图层样式（如 Bevel And Emboss）来打开 Layer Style 对话框。

2 在 Layer Style 对话框中，确保选中了 Preview 选项。如果必要，将对话框移动到一边，以便能够看到图像窗口中的文本 Island Paradise。

3 在对话框的 Structure 区域，确保选中了 Use Global Light，然后指定如下设置，如图 4.31 所示。

图4.31

- Blend Mode：Multiply。
- Opacity：75%。
- Angle：78°。
- Distance：5 px。

- Spread：30%。
- Size：10 px。

Photoshop 将给图像中的文本 Island Paradise 添加投影。

4 单击 OK，让设置生效并关闭 Layer Style 对话框。

Photoshop 在 Island Paradise 图层中嵌套了该图层样式（如图 4.32 所示）。首先，列出了 Effects，然后将这种图层样式应用于该图层。在效果分类以及每种效果旁边都有一个眼睛图标（👁）。要关闭一种效果，只需单击其眼睛图标；再次单击可视性栏可恢复效果。要隐藏所有图层样式，可单击 Effects 旁边的眼睛图标。要折叠效果列表，可单击图层缩略图右边的箭头。

图4.32

5 执行下面的操作前，确保 Island Paradise 图层下面嵌套的两项内容左边都有眼睛图标。

6 按住 Alt 键（Windows）或 Option 键（Mac OS）并将 Effects 或者 fx 符号（fx）拖曳到 HAWAII 图层中，如图 4.33 所示。

图4.33

Drop Shadow 图层（与 Island Paradise 图层使用的设置相同）将被应用于 HAWAII 图层。下面在单词 HAWAII 周围添加绿色描边。

7 在 Layers 面板中，选择 HAWAII 图层，然后单击面板底部的 Add A Layer Style 按钮（fx），并从弹出菜单中选择 Stroke。

8 在 Layer Styles 对话框的 Structure 区域，指定如下设置，如图 4.34 所示。

- Size：4 px。
- Position：Outside。

- Blend Mode：Normal。
- Opacity：100%。
- Color：绿色（选择一种与 Island Paradise 文本的颜色匹配的颜色）。

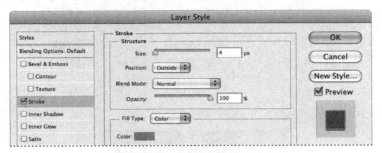

图4.34

9 单击 OK 按钮应用描边，效果如图 4.35 所示。

下面给花朵添加投影和光泽。

10 选择 Flower 图层，再选择 Layer > Layer Style > Drop Shadow。在 Layer Style 对话框的 Structure 区域指定如下设置，如图 4.36 所示。

图4.35

- Opacity：60%。
- Distance：13 px。
- Spread：9%。
- 确保选中了 Use Global Light，并从 Blend Mode 选择 Multiply。现在不要单击 OK。

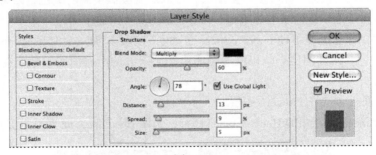

图4.36

11 在仍打开的 Layer Style 对话框中，选择左边的 Satin。确保选中了 Invert，并应用如下设置，如图 4.37 所示。

- Color（Blend Mode 旁边）：紫红色（选择花朵颜色的补色）。
- Opacity：20%。
- Distance：22 px。

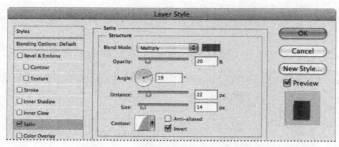

图4.37

12 单击 OK 应用这两种图层样式，效果如图 4.38 所示。

图4.38

4.7 添加调整图层

你可以在图像中添加调整图层，在不永久改变图像中像素值的情况下，应用颜色和色调调整。例如，如果对图像添加 Color Balance 调整图层，可以反复尝试不同的颜色，因为这个变化只发生在调整图层。如果决定返回到原来的像素值，可以隐藏或删除调整图层。

在其他课程中，你已经使用过了调整图层。在这里，你要添加一个 Hue/Saturation 调整图层来改变紫色花朵的颜色。调整图层影响以堆叠顺序位于它下方的所有图层，除非在创建选区或剪贴蒙版时，选区是活跃的。

1 在 Layers 面板中选择 Flower2 图层。

2 点击 Adjustments 面板中的 Hue/Saturation 图标，添加 Hue/Saturation 调整图层，如图 4.39 所示。

图4.39

3 在 Properties 面板中，应用以下设置，如图 4.40 所示。

- Hue：43。
- Saturation：19。

- Lightness：0。

图4.40

变化影响了 Flower2、Pineapple copy、Pineapple、Clouds 以及 Background 图层。效果十分有趣，不过，这里只需改变 Flower2 图层。

4 右键单击（Windows）或按住 Control 键单击（Mac OS）Hue/Saturation 调整图层，然后选择 Create Clipping Mask，如图 4.41 所示。

图4.41

在 Layers 面板中会出现一个箭头，表明调整图层仅应用于 Flower2 图层。你将在第 6 课和第 7 课了解更多关于剪切蒙版的内容。

4.8 更新图层效果

改变一个图层时，图层效果会自动更新。你可以编辑文本并查看图层效果如何根据改变而变化。首先，你要使用 Layers 面板中新的搜索功能来隔离文字图层。

1 在 Layers 面板中，从 Pick A Filter Type 菜单中选择 Kind。

滤镜类型决定了你可用的搜索选项。

2 从 Layers 面板顶部的滤镜选项中选择 Filter For Type Layers 按钮。

Layers 面板中只列出了 Island Paradise 图层。使用搜索功能，你可以很快找到特定图层，但对于图层的可见性或堆叠顺序没有影响。

3 在 Layers 面板中选中 Island Paradise 图层。

4 在工具箱中，选择 Horizontal Type 工具（T），如图 4.42 所示。

5 在选项栏中，设置字体大小为 32 点，然后按下 Enter 键或 Return 键。

图4.42

尽管你没有像在文字处理程序中那样通过拖动 Type 工具选中文本，但 Island Paradise 的字体大小变为了 32 点。

6　使用 Horizontal Type，点击单词 Island 和 Paradise 之间的区域并输入单词 of。

编辑文本时，图层样式将应用于新的文本。

7　实际上并不需要添加单词 of，因此将其删除。

8　选择 Move 工具（▸₊），将 Island Paradise 拖动到单词 HAWAII 下面并与之居中对齐。效果如图 4.43 所示。

图4.43

9　单击 Layers 面板顶部的滤镜的 On/Off 红色按钮，关闭滤镜，在文件中看到所有图层，如图 4.44 所示。

图4.44

10　选择 File > Save。

4.9　添加边框

这张夏威夷明信片差不多做好了。合成图像中的元素已进行了正确的排列，最后需要完成的工作是，调整邮戳的位置并给明信片添加白色边框。

1 选择 Postage 图层，使用 Move 工具（▸₊）将其拖曳到图像的中间偏右侧。

2 在 Layers 面板中，选择 Island Paradise 图层，然后单击面板底部的 Create A New Layer 按钮。

3 选择 Select > All。

4 选择 Select > Modify > Border。在 Border Selection 对话框中，在 Width 文本框中输入 10，然后单击 OK，如图 4.45 所示。

在整幅图像四周选择了 10 像素的边界，下面使用白色填充它。

5 将前景色设置为白色，再选择 Edit > Fill。

6 在 Fill 对话框中，从 Use 菜单中选择 Foreground Color，然后单击 OK，如图 4.46 所示。

图4.45

图4.46

7 选择 Select > Deselect。

8 在 Layers 面板中，双击图层名 Layer 1，并将该图层重命名为 Border，如图 4.47 所示。

图4.47

4.10 拼合并保存文件

编辑好图像中的所有图层后，便可合并（拼合）图层以缩小文件。拼合将所有的图层合并为一个背景图层。然而，拼合图层后将不能再编辑它们，因此应在确信对所有设计都感到满意后，再对图像进行拼合。相对于拼合原始 PSD 文件，一种更好的方法是存储包含所有图层的文件副本，以防以后需要编辑某个图层。

为了解拼合的效果，请注意图像窗口底部的状态栏有两个表示文件大小的数字。第一个数字表示拼合图像后文件的大小，第二个数字表示未拼合时文件的大小。就本课的文件而言，拼合后大约为 2~3MB，而当前的文件要大得多（约为 41.4MB），如图 4.48 所示。因此，就本例而言，拼合是非常值得的。

图4.48

> **Ps** **注意**：如果状态栏中没有显示文件大小，可单击状态栏中的箭头并选择 Show > Document Sizes。

1 选择除 Type 工具（T）外的任何工具，确保不再处于文本编辑模式。然后，选择 File > Save，保存所做的所有修改。
2 选择 Image > Duplicate。
3 在 Duplicate Image 对话框中将文件命名为 04Flat.psd，然后单击 OK。
4 关闭 04working.psd 文件，但保持文件 04Flat.psd 文件打开。
5 从 Layers 面板菜单中选择 Flatten Image，如图 4.49 所示。

图4.49

Layers 面板中将只剩下一个名为 Background 的图层。

6 选择 File > Save。虽然选择的是 Save 而不是 Save As，但仍将出现 Save As 对话框。
7 确保位置是 Lessons/Lesson04 文件夹，然后单击 Save 按钮接受默认设置并保存拼合后的文件。

你存储了文件的两个版本：只有一个图层的拼合版本及包含所有图层的原始文件。

> **Ps** **提示**：如果只想拼合文件中的部分图层，可单击眼睛图标隐藏不想拼合的图层，然后从 Layers 面板菜单中选择 Merge Visible。

你已经创建了一张色彩丰富、极具吸引力的明信片。本课只初步介绍了掌握 Photoshop 图层使用技巧后可获得的大量可能性和灵活性中的很少一部分。在阅读本书时，几乎在每个课程中，你都将获得更多经验，并尝试使用各种不同的图层使用技巧。

图层复合

图层复合让用户只需单击鼠标就可在多图层图像文件的不同版本之间切换。图层复合只不过是Layers面板中设置的一种定义。定义图层复合后，可根据需要对Layers面板中的设置做任何修改，然后创建另一个图层复合以保留图层属性的配置。然后，通过从一个图层复合切换到另一个，可以快速地查看两种设计。在需要演示多种可能的设计方案时，图层复合的优点将会显现出来。通过创建多个图层复合，无需不厌其烦地在Layers面板中选择眼睛图标、取消对眼睛图标的选择以及修改设置，就可以查看不同的设计方案。

例如，假设要设计一个小册子，它包括英文版和法文版。用户可能将法文文本放在一个图层中，而将英文文本放在同一个图像文件中的另一个图层中。为创建两个不同的图层复合，只需显示法文图层并隐藏英文图层，再单击Layer Comps面板中的Create New Layer Comp按钮；然后，执行相反的操作——显示英文图层并隐藏法文图层，并单击Create New Layer按钮，以创建一个英文图层复合。

要查看不同的图层复合，只需依次单击每个图层复合左边的Apply Layer Comp框。只需稍微想象一下，便能知道对于更复杂的设计方案，这种功能可节省多少时间。在设计方案不断变化或需要创建同一个图像文件的多个版本时，图层复合将是非常有用的功能。

拼合照片

下面使用Auto-Align Layers功能修复眨眼和没有看镜头的人像。

1 打开 Lesson04 文件夹中的 FamilyPhoto.psd 文件。

2 在 Layers 面板中，在显示和隐藏图层 Layer 2 之间切换，将发现这两张照片都很像，如图 4.50 所示。当两个图层都可见时，在图层 Layer 2 中，中间的老人眨眼了，而左下角的两个女孩没有看镜头。

图4.50

下面对齐这两张照片，然后使用Eraser工具删除图层Layer 2中要改进的部分。

3 让两个图层都可见，然后通过按住 Shift 键并单击选择这两个图层。选择
Edit > Auto-Align Layers，单击 OK 接受默认的自动对齐方式。单击眼睛图标
在显示和隐藏图层 Layer 2 之间切换，这样会发现图层准确地对齐了。

接下来是最有趣的的部分！你将要删除照片中想要改进的部分。

4 从工具箱中选择 Eraser 工具，并从选项栏中选择 45 像素的柔角画笔。选择图层
Layer 2，在眨眼的老人头部绘画，从而显出图层 Layer 1 中的笑脸，如图 4.51 所示。

图4.51

5 使用 Eraser 工具，在没有看镜头的两个女孩上绘画，直到显露出图层 Layer 1
中看镜头的部分。结果如图 4.52 所示。

图4.52

这样便创建了一张自然的合家欢照片。

复习

复习题

1 使用图层有何优点?
2 创建新图层时,它将出现在图层堆栈中的什么位置?
3 如何使一个图层的图稿出现在另一个图层的前面?
4 如何应用图层样式?
5 处理好图稿后,如何在不改变图像质量和尺寸的情况下缩小文件?

复习题答案

1 图层让用户能够将图像的不同部分作为独立的对象进行移动和编辑。处理某个图层时,也可以隐藏单独的图层。
2 新图层总是出现在活动图层的上方。
3 可以在 Layers 面板中向上或向下拖动图层,也可以使用 Layer > Arrange 中的下述子命令:Bring To Front、Bring Forward、Send To Back 和 Send Backward。不过,你不能调整背景图层的位置。
4 要应用图层样式,选择该图层,然后单击 Layers 面板中的 Add A New Style 按钮;也可以选择 Layer > Layer Style > [style]。
5 要缩小文件,你可以将所有图层合并成一个背景图层。合并图层前,最好复制包含所有图层的图像文件,以防以后需要修改图层。

第5课 校正和改善数字图片

在本课中，你将学习以下内容：

- 处理专用的相机原始图像并保存所做的调整；
- 对数字图像进行典型的校正，包括消除红眼和杂色以及突出阴影和高亮细节；
- 对图像应用光学镜头矫正；
- 对齐并混合两幅图像以增大景深；
- 采用组织、管理和保存图像的最佳实践；
- 通过合并曝光不同的图像创建高动态范围（HDR）图像。

学习本课需要 1.5 个小时的时间。如果还没有将 Lesson05 文件夹复制到本地硬盘中，请现在就这样做。在学习过程中，请保留初始文件；如果需要恢复初始文件，只需要从配套光盘中再次复制它们即可。

　　无论是为客户或项目收集的数字图
像还是个人的数码照片影集，要对其进
行改进并存档，都可使用 Photoshop 中
的各种工具导入、编辑和存档。

5.1 概述

在本课中，你将使用 Photoshop 和随 Photoshop 安装的 Adobe Camera Raw 处理多幅数字图像。你要使用很多技术来修饰和校正数码照片。首先在 Adobe Bridge 中查看处理前和处理后的图像。

1 启动 Photoshop 并立刻按下 Ctrl+Alt+Shift（Windows）或 Command+Option+Shift（Mac OS）以恢复默认首选项。

2 出现提示对话框时，单击 Yes 确认删除 Adobe Photoshop 设置文件。

3 选择 File > Browse In Bridge，打开 Adobe Bridge。

4 在 Bridge 的 Favorites 面板中，单击 Lessons 文件夹，然后在 Content 面板中双击 Lesson05 文件夹以打开它。

5 如果需要的话，调整缩略图滑块以便能够清楚地查看缩略图；然后找到 05A_Start.crw 和 05A_End.psd 文件，如图 5.1 所示。

05A_Start.crw　　　　　　　　05A_End.psd

图5.1

Ps | 提示：如果没有安装 Bridge，当选择 Browse In Bridge 时，会出现提示对话框。

原始照片是一座西班牙风格的教堂，它是一个相机原始数据文件，因此文件扩展名不像本书中通常出现的那样为 .psd。这幅照片是使用佳能数码单反相机拍摄的，扩展名为佳能专用的文件扩展名 .crw。你要对这幅专用相机原始图像进行处理，使其更亮，更锐利，更清晰，然后将其存储为 JPEG 文件和 PSD 文件，其中前者是用于 Web 的，而后者能够让你在 Photoshop 中做进一步处理。

6 比较 05B_Start.nef 和 05B_End.psd 文件的缩略图，如图 5.2 所示。

这次的初始文件是由尼康相机拍摄的，原始图像的扩展名为 .nef。你要在 Camera Raw 和 Photoshop 中对其进行颜色校正和图像修饰，以获得最终的结果。

05B_Start.nef   05B_End.psd

图5.2

7 查看 05C_Start.psd 和 05C_End.psd 文件的缩略图，如图 5.3 所示。

05C_Start.psd   05C_End.psd

图5.3

下面，要对这张女孩站在沙滩上的肖像照片进行多项校正，其中包括突出阴影和高光细节、消除红眼和锐化图像。

8 查看 05D_Start.psd 和 05D_End.psd 文件的缩略图，如图 5.4 所示。

05D_Start.psd   05D_End.psd

图5.4

原始图像是扭曲的，其中的圆柱是弓形的。你要校正该图像的桶形扭曲。

9　查看 05E_Start.psd 和 05E_End.psd 文件的缩略图，如图 5.5 所示。

05E_Start.psd　　　　　　　　　05E_End.psd

图5.5

第一幅图像包含两个图层。根据哪个图层是可见的，决定焦点是前景的玻璃杯还是背景的沙滩。你要增大景深让这两者都很清晰。然后，增加木桩并对玻璃应用光圈模糊。

5.2　相机原始数据文件

相机原始数据文件包含数码相机图像传感器中未经处理的图片数据。很多数码相机都能够使用相机原始数据格式存储图像文件。相机原始数据文件的优点是，让摄影师（而不是相机）对图像数据进行解释并进行调整和转换；而使用 JPEG 格式拍摄时，将由相机自动进行处理。使用相机原始数据格式拍摄时，由于相机不进行任何图像处理，因此，用户可使用 Adobe Camera Raw 设置白平衡、色调范围、对比度、色彩饱和度及锐化度。可将相机原始数据文件看作是负片，可随时对其重新冲印以获得所需结果。

要创建相机原始数据文件，需要将相机设置为使用其原始数据文件格式（可能是专用的）存储文件。从相机下载相机原始数据文件时，其文件扩展名为诸如 .nef（尼康）或 .crw（佳能）等。在 Bridge 或 Photoshop 中，可处理来自支持的相机（佳能、柯达、莱卡、尼康及其他厂商的相机）的相机原始数据文件，还可同时处理多幅图像。然后，可将专用的相机原始数据文件以 DNG、JPEG、TIFF 或 PSD 的文件格式导出。

可处理来自所支持的相机的相机原始数据文件，但也可在 Camera Raw 中打开 TIFF 和 JPEG 图像。Camera Raw 包含一些 Photoshop 中没有的编辑功能，不过，如果处理的是 TIFF 或 JPEG 图像，对其进行白平衡和其他设置将没有处理相机原始数据图片那么灵活。尽管 Camera Raw 能够打开和编辑相机原始数据文件，但并不能使用相机原始数据格式储存图像。

> **Ps**　注意：Photoshop Raw 格式（扩展名为 .raw）是一种用于在应用程序和计算机平台之间传输图像的文件格式，不要将其同相机原始数据文件格式混为一谈。

5.3 在 Camera Raw 中处理文件

用户在 Camera Raw 中调整图像（如拉直或裁剪）时，Photoshop 和 Bridge 保留原来的数据文件。这样，用户可以根据需要对图像进行编辑，导出编辑后的图像，同时保留原件供以后使用或进行其他调整。

5.3.1 在 Camera Raw 中打开图像

在 Bridge 和 Photoshop 中都可打开 Camera Raw，还可将相同的编辑同时应用于多个文件。如果处理的图像都是在相同的环境中拍摄的，这会特别有用，因为需要对这些图像做相同的光照和其他调整。

Camera Raw 提供了大量的控件，让用户能够调整白平衡、曝光、对比度、锐化程度、色调曲线等。在这里，你将编辑一幅图像，然后将设置应用于其他相似的图像。

1　在 Bridge 中，切换到文件夹 Lessons/Lesson05/Mission，其中包含三幅西班牙教堂的照片，你已经在前面预览过。

2　按住 Shift 键并单击选中这些图像：Mission01.crw、Mission02.crw 以及 Mission03.crw，然后选择 File > Open In Camera Raw，如图 5.6 所示。

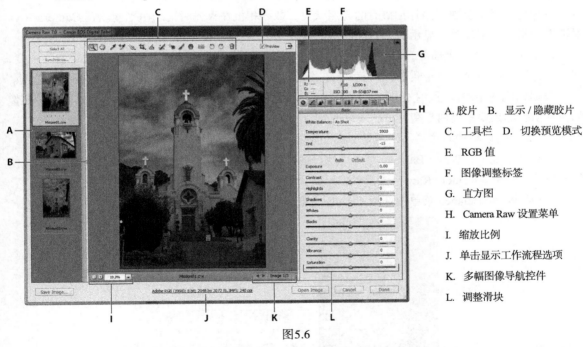

A. 胶片　B. 显示 / 隐藏胶片
C. 工具栏　D. 切换预览模式
E. RGB 值
F. 图像调整标签
G. 直方图
H. Camera Raw 设置菜单
I. 缩放比例
J. 单击显示工作流程选项
K. 多幅图像导航控件
L. 调整滑块

图5.6

Camera Raw 对话框显示了第一个原始图像的预览，在该对话框的左边是所有已打开图像的胶片缩略图。右上角的直方图显示了选定图像的色调范围，对话框底部的工作流程选项链接显示了选定图像的色彩空间、位深、大小和分辨率。对话框的顶部是一系列的工具，让用户能够缩放、平移和修齐图像以及对图像进行其他调整。对话框右边的标签式面板提供了其他用于调整图像的选项：用户可校正白平衡、调整色调、锐化因像、删除杂色、调整颜色以及进行其他调整。还可将设置存储为预设供以后使用。

使用 Camera Raw 时，为获得最佳效果，可采用从左到右、从上到下的工作流程，即在进行必要的修改时，通常先使用上面的工具，再依次按顺序使用面板。

下面，使用这些控件编辑第一幅图像。

3　在编辑图像前，单击胶片中的每个缩略图以预览所有图像，也可单击主预览窗口底部的 Forward 按钮（见图 5.7）以遍历所有图像。查看所有图像后，再次选择图像 Mission01.crw。

图5.7

4　确保选中了对话框顶部的 Preview 复选框，以便能够查看调整结果。

5.3.2　调整白平衡

图像的白平衡反映了照片拍摄时的光照状况。数码相机在曝光时记录白平衡。在 Camera Raw 对话框中刚打开图像时，显示的就是这种白平衡。

白平衡有两个组成部分。第一部分是色温，单位为开尔文，它决定了图像的"冷暖"程度，即是冷色调的蓝和绿，还是暖色调的黄和红。第二个部分是色调，它补偿图像的洋红或绿色色偏。

根据相机使用的设置和拍摄环境（例如，是否有眩光以及光照是否均匀），可能需要调整图像的白平衡。如果要修改白平衡，请首先修改它，因为它将影响对图像所做的其他所有修改。

1　如果对话框的右边显示的不是 Basic 面板，单击 Basic 按钮（ ◉ ）将其打开。

在默认情况下，White Balance 菜单中选择的是 As Shot，这是 Camera Raw 应用曝光时相机使用的白平衡设置。Camera Raw 包含几种白平衡预设，可使用它们观察不同的光照效果。

2　从 White Balance 菜单中选择 Cloudy，如图 5.8 所示。

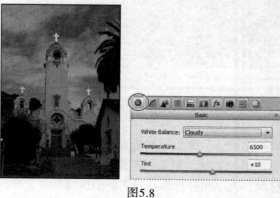

图5.8

Camera Raw 将相应地调整色温和色调。有时，一个预置就可以做到这一点。不过，在这里图像依然存在蓝色色偏。你需要手动调整白平衡。

3 在 Camera Raw 对话框的顶部选择 White Balance 工具（ ），如图 5.9 所示。

图5.9

想要设置精确的白平衡，选择原本为白色或灰色的对象。Camera Raw 使用该信息来确定拍摄场景的光线颜色，然后根据场景光照自动调整。

4 单击图像上的白云，图像的光照发生了变化，如图 5.10 所示。

图5.10

5 点击云的不同区域，光照也随之改变。

你可以使用 White Balance 工具较为迅速和轻松地找到最好的光照效果。在不同的位置单击可修改光照而不会对图像做永久性的修改，因此可以随意尝试。

6 点击尖塔左边的云彩，这消除了大部分色偏，产生逼真的光照效果。

7 将 Tint 滑块移动到 -22，以加深绿色，如图 5.11 所示。

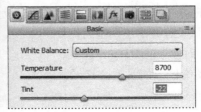

图5.11

提示：要撤销设置，可按 Ctrl+Z（Windows）或 Command+Z（Mac OS）。要将在当前面板中所做的修改与原始图像进行比较，取消选中 Preview 复选框。再选中 Preview 复选框，可在当前窗口中看到修改后的图像。

5.3.3　在 Camera Raw 中调整色调

Basic 面板中的其他滑块影响图像的曝光、亮度、对比度和饱和度。除了 Contrast，将滑块向右移动将加亮受影响的图像区域，将其向左侧移动将让这些区域变暗。Exposure 决定了图像中的白点（最亮的点），因此，Camera Raw 将相应地调整其他像素；与此相反，Blacks 滑块设置图像中的黑点（最暗的点）。Highlights 和 Shadows 滑块分别调整高光和阴影区域的细节。

Contrast 滑块调整图像的对比度。要更细致地调整对比度，可使用 Clarity 滑块，该滑块通过增加局部对比度（尤其是中间调）来增大图像的景深。

Saturation 滑块均匀地调整图像中所有颜色的饱和度。另一方面，Vibrance 滑块对不饱和颜色的影响更强烈，因此可让背景更鲜艳，而又不会让其他颜色（如皮肤色调）过度饱和。

 提示：为获得最佳的效果，你可以提高 Clarity 滑块的值，直到在边缘细节旁边看到晕轮，然后再稍微降低该设置。

你可以使用 Auto 选项让 Camera Raw 校正图像的色调，也可选择自己的设置。

1　单击 Basic 面板中的 Auto 选项，如图 5.12 所示。

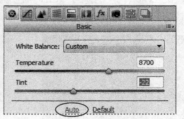

图5.12

Camera Raw 提高了曝光，并修改了其他几项设置，你可将其作为一个起点。但是，在这个练习中，请恢复到默认设置并手工调整它们。

2　单击 Basic 面板中的 Default 选项。

3　按如下调整滑块，如图 5.13 所示。

- Exposure：+0.20。
- Contrast：+18。

- Highlights：+8。
- Shadows：+63。
- Whites：+12。
- Blacks：-14。
- Clarity：+3。
- Vibrance：+4。
- Saturation：+1。

这些设置有助于突出图像的中间调，使图像更醒目，更有层次感，同时避免颜色过于饱和。

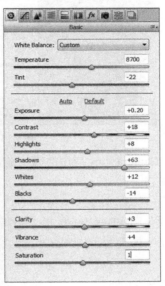

图5.13

相机原始数据直方图

图5.14

Camera Raw对话框右上角的直方图同时显示了当前图像的红色、绿色和蓝色通道（如图5.14所示），当你调整设置时，它将进行相应更新。另外，当你选择任何工具并在预览图像上移动时，直方图下方将显示鼠标所处位置的RGB值。

5.3.4 应用锐化

Photoshop 提供了一些锐化滤镜，但如果需要锐化整幅图像，Camera Raw 提供了最好的控件。锐化控件在 Details 面板中。要在预览面板中查看锐化效果，必须以 100% 或更高的比例查看图像。

提示：如果要调整图像的特定部分，可使用 Adjustment Brush 工具或 Graduated Filter 工具。通过使用 Adjustment Brush 工具在图像中绘画，可调整曝光、亮度、清晰度等。使用 Graduated Filter 工具以渐变方式在图像的特定区域应用上述调整。

1　双击工具栏左端的 Zoom 工具（🔍）将图像放大到 100%。然后，选择 Hand 工具（✋）并移动图像，以查看教堂顶部的十字架。

2　单击 Details 标签（▲），打开 Details 面板，如图 5.15 所示。

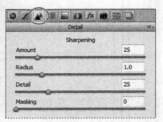

图5.15

Amount 滑块决定了 Camera Raw 应用的锐化量。一般而言，你首先应将数量值设置得非常大，在设置其他滑块后再调整它。

3　将 Amount 滑块移到 100 处。

Radius 滑块决定了锐化图像时 Camera Raw 分析的像素区域。对大多数图像而言，如果将半径值设置得很低（甚至小于 1 像素），将获得最好的效果；因为较大的半径值将导致图像的外观不自然，几乎像一幅水彩画。

4　将 Radius 滑块移至 0.9 处。

Details 滑块决定了用户能够看到多少细节。即使将该值设置为 0，Camera Raw 也将执行一些锐化。一般而言，应保持 Details 的设置相对较低。

5　如果 Details 值不是 25，请将其设置为 25。

Masking 滑块决定了 Camera Raw 锐化图像的哪部分。当 Masking 的设置很高时，Camera Raw 仅锐化图像中边缘很明显的部分。

6　将 Masking 滑块移至 61 处。

 提示：移动 Masking 滑块时可按住 Alt（Windows）或 Option 键（Mac OS）以查看 Camera Raw 将锐化的区域。

调整 Radius、Details 和 Masking 滑块后，可以降低 Amount 滑块的值以完成锐化。

7　将 Amount 滑块移至 70 处，如图 5.16 所示。

锐化图像可使其细节和边缘更清晰。Masking 滑块让用户能够指定将锐化效果应用于图像中的边缘，以免在模糊的区域或背景中出现伪像。

在 Camera Raw 中进行调整时，原始文件的数据将被保留。对图像所做的调整设置可储存在

Camera Raw 数据库文件中，也可存储在与原始文件位于同一个文件夹的附属 XMP 文件中。将图像文件移到存储介质或其他计算机中时，这些 XMP 文件保留在 Camera Raw 中所做的调整。

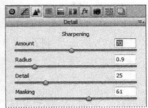

图5.16

Ps 注意：如果缩小图像，将不会显示图像的锐化效果。仅当将缩放比例设置为 100% 或更高时，才能预览锐化效果。

5.3.5 同步多幅图像的设置

这 3 幅教堂图像都是在相同的时间和光照条件下拍摄的。将第一幅教堂图像调整得非常好后，可以自动将相同的设置应用于其他两幅教堂图像，为此，可使用 Synchronize 命令。

1 在 Camera Raw 对话框的左上角，单击 Select All 以选中胶片中的所有图像。

2 单击 Synchronize 按钮。

出现 Synchronize 对话框，其中列出了可应用于图像的所有设置。默认情况下，除 Crop、Spot Removal 和 Local Adjustments 外，所有复选框都被选中。就这个项目而言，这是可行的，尽管这里没有修改所有设置。

3 单击 Synchronize 对话框中的 OK 按钮，如图 5.17 所示。

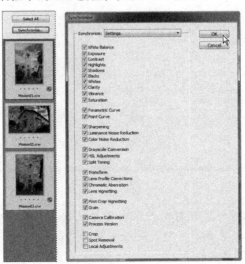

图5.17

在对所有选择的相机原始图像之间进行同步设置后，缩略图将相应地更新以反映所做的修改。要预览图像，可单击胶片缩略图窗口中的每个缩略图。

5.3.6 保存对相机原始数据的修改

针对不同的用途，你可以不同的方式存储修改。首先，你要将调整后的图像存储为低分辨率的 JPEG 图像（可在 Web 上共享）；然后，将图像 Mission01 存储为 Photoshop 文件，以便作为智能对象在 Photoshop 中打开。当你把图像作为智能对象在 Photoshop 中打开时，可随时回到 Camera Raw 做进一步调整。

1 在 Camera Raw 对话框中，单击 Select All。

2 单击左下角的 Save Image 按钮。

3 在 Save Options 对话框中做如下设置。

• 从 Destination 菜单中选择 Save In Same Location。

• 在 File Naming 区域，保留第一个文本框中的 "Document Name"。

• 从 Forma 菜单中选择 JPEG。

这些设置会把校正后的图像存储为更小的 JPEG 格式，可在 Web 上与同事共享这种图像。文件将被命名为 Mission01.jpg、Mission02.jpg 和 Mission03.jpg。

4 单击 Save，如图 5.18 所示。

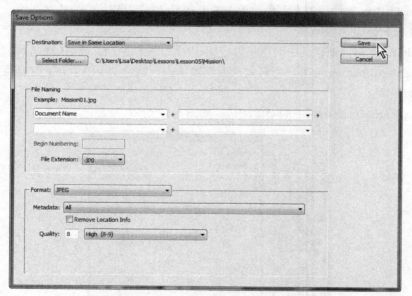

图5.18

> **注意**：在 Web 上共享这些图像前，可能需要在 Photoshop 中将其打开，并将其大小调整为 640 × 480 像素。当前，这些文件要大得多，大多数观看者都需要滚动视图才能看到整幅图像。

这将返回到 Camera Raw 对话框，指出处理了多少幅图像，直到保存好所有图像为止。CRW 缩略图仍出现在 Camera Raw 对话框中。但在 Bridge 中，你现在有这些图像的 JPEG 版本和原件（未经编辑的 CRW 图像文件），可继续对原件进行编辑，也可以后再编辑。

下面在 Photoshop 中打开图像 Mission01 的一个副本。

5 在 Camera Raw 对话框的胶片区域选中 Mission01.crw 的图像缩略图。然后，按住 Shift 键，并单击对话框底部的 Open Object 按钮，如图 5.19 所示。

图5.19

Open Object 按钮将把该图像作为智能对象在 Photoshop 中打开，你可双击 Layers 面板中的智能对象回到 Camera Raw 继续编辑图像，如图 5.20 所示。如果单击 Open Image 按钮，图像将作为标准的 Photoshop 图像打开。按住 Shift 键时，Open Image 按钮将变成 Open Object 按钮。

图5.20

提示：要使 Open Object 按钮成为默认的，单击预览窗口底部（蓝色的）工作流程选项链接，选中 Open In Photoshop As Smart Objects 复选框，然后单击 OK。

6 在 Photoshop 中，选择 File > Save As。在 Save As 对话框中，将 Format 设置为 Photoshop，将文件重命名为 Mission_Final.psd，切换到 Lesson05 文件夹，并单击 Save。如果出现 Photoshop Format Options 对话框，单击 OK 按钮。然后关闭该文件。

在Camera Raw中储存文件

每种相机都使用独特的格式储存相机原始数据图像，但Adobe Camera Raw 能够处理很多原始数据文件格式。Adobe Camera Raw根据内置的相机配置文件和 EXIF数据，使用相应的默认图像设置来处理相机原始数据文件。

储存相机原始数据图像时，可使用DNG（Adobe Camera Raw默认使用的格式）、JPEG、TIFF和PSD。所有这些格式都可用于储存RGB和CMYK连续调位图图像；在Photoshop的Save和Save As对话框中，也可选择除DNG外的其他所有格式。

- DNG 文件（Adobe 数字负片）格式包含来自数码相机的原始图像数据以及定义图像数据含义的元数据。DNG 将成为相机原始图像数据的行业标准格式，可帮助摄影师管理各种专用相机原始数据格式，并提供了一种兼容的归档格式。只能在 Adobe Camera Raw 中将图像储存为这种格式。

- JPEG（联合图像专家组）文件格式常用于在 Web 上显示照片和其他连续调 RGB 图像。高分辨率的 JPEG 图像可能用于其他用途（包括高质量打印）。 JPEG 格式保留图像中所有的颜色信息，但通过有选择地丢弃数据来缩小文件。压缩程度越高，图像质量越低。

- TIFF（标记图像文件格式）用于在不同的应用程序和计算机平台之间交换文件。TIFF 是一种灵活的格式，几乎所有的绘画、图像编辑和排版程序都支持它。另外，几乎所有的桌面扫描仪都能生成 TIFF 图像。

- PSD 格式是 Photoshop 默认的文件格式。由于 Adobe 产品之间的紧密集成，其他 Adobe 应用程序（例如 Adobe Illustrator 和 Adobe InDesign）能够直接导入 PSD 文件，并保留众多的 Photoshop 特性。

在Photoshop中打开相机原始数据文件后，便可以使用多种不同的格式保存，包括大型文档格式（RGB）、Cineon、Photoshop Raw或者PNG。Photoshop Raw格式（RAW）是一种用于在应用程序和计算机平台之间传输图像的文件格式，不要将其同相机原始数据文件格式混为一谈。

有关Photoshop Raw和Photoshop中文件格式的详细信息，请参阅Photoshop Help。

5.4 应用高级颜色校正

本节中，你将使用 Levels、Healing Brush 工具以及其他 Photoshop 功能来改善模特的图像。

5.4.1 在 Camera Raw 中调整白平衡

新娘的原始图像有轻微的偏色。你要先在 Camera Raw 中进行颜色校正，设置白平衡并调整图像的整体色调。

1 在 Bridge 中,切换到 Lesson05 文件夹。选中 05B_Start.nef 文件,在 Camera Raw 中选择 File > Open。

2 在 Camera Raw 中,选择 White Balance 工具 (🖋),然后单击模特裙装的白色区域来调节温度,删除绿色的色偏,如图 5.21 所示。

图5.21

3 调整 Basic 面板中的其他滑块,使图像加亮变深,如图 5.22 所示。

- 将 Exposure 上调 0.30。
- 将 Contrast 上调到 15。
- 将 Clarity 上调到 +8。

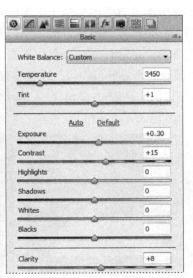

图5.22

4 按下 Shift 键，然后点击 Open Object。

图像作为智能对象在 Photoshop 中打开。

5.4.2 调整色阶

色调范围决定了图像的对比度和细节量，而色调范围取决于像素分布情况：从最暗的像素（黑色）到最亮的像素（白色）。下面将要使用 Levels 调整图层来微调这幅图像的色调范围。

1 在 Photoshop 中选择 File > Save As。将文件命名为 Model_final.psd，点击 Save。如果看到 Photoshop Format Options 对话框，点击 OK。

2 点击 Adjustments 面板中的 Levels 按钮，如图 5.23 所示。

图5.23

Photoshop 将在 Layers 面板中添加一个 Levels 调整图层，而 Properties 面板将显示与色阶调整相关的控件以及一个直方图。直方图显示了图像中从最暗到最亮的值。其中，左边的黑色三角形代表阴影，右边的白色三角形代表高光，而中间的灰色三角形代表灰度系数。除非是要获得特殊效果，否则理想的直方图应是这样的：黑点位于像素分布范围的起点，白点位于像素分布范围的终点，而直方图中间部分的峰谷分布均匀，这表示有足够多的像素为中间调。

3 单击直方图左边的 Calculate Amore Accurate Histogram 按钮（ ），Photoshop 将更新直方图，如图 5.24 所示。

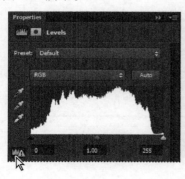

图5.24

直方图的最右侧有一条竖线，它表示当前的白点，但在左侧很远的地方才出现大量数据。要设置白点，使其与大量像素开始出现的位置一致。

4 将右边的白色三角形向左拖曳到直方图所显示的最亮色出现的地方。

拖曳时，直方图下方的第三个输入色阶值将发生变化，图像本身也将相应地变化。

5 将中间的灰色三角形稍微向右移动，以稍微加暗中间调。这里将值设置为 .90，如图 5.25 所示。

图5.25

5.4.3 在 Camera Raw 中修改饱和度

色阶调整会起到很明显的帮助作用，不过，这里的新娘看起来像是晒伤了。你要在 Camera Raw 中调整饱和度，甚至是新娘的肤色。

1 双击 05B_Start 的图层缩略图，在 Camera Raw 中打开智能对象。

2 单击 HSL/Grayscale 按钮（≣）显示该面板。

3 单击 Saturation 标签。

4 滑动下面的滑块，减少皮肤上的红色量，如图 5.26 所示。

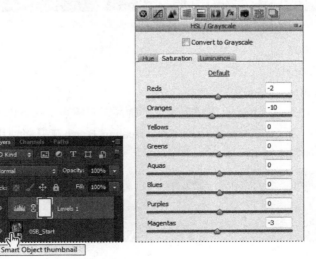

图5.26

- 将 Reds 减少到 -2。
- 将 Oranges 减少到 -10。
- 将 Magentas 减少到 -3。

5　点击 OK 返回 Photoshop。

5.4.4　使用 Healing Brush 工具消除瑕疵

现在可以让模待的脸更有吸引力了。你将使用 Healing Brush 和 Spot Healing Brush 工具修复瑕疵，使模特皮肤光滑，去除睛中的血丝，甚至隐藏鼻子部位的饰品。

1　在 Layers 面板中，选择 05B_Start 图层，然后从 Layers 面板菜单中选择 Duplicate Layer。将新图层命名为 Corrections，然后点击 OK，如图 5.27 所示。

图5.27

在处理复制的图层时，保留原始的像素以便在日后修改。你不能使用 Healing Brush 工具在智能对象上进行修改，所以需要首先栅格化图层。

2　选择 Layer > Smart Objects > Rasterize。

3　放大模特的脸以便能够看清。

4　选择 Spot Healing Brush 工具（✐）。

5　在选项栏中做如下设置，如图 5.28 所示。

图5.28

- 画笔大小：35 px。
- Mode：Normal。
- Type：Content-Aware。

6　使用 Spot Healing Brush 工具删掉鼻子上的饰品。只需点击一下即可。

由于在选项栏中选择了 Content-Aware，Spot Healing Brush 工具将使用鼻子周围类似于鼻子皮肤的部分来替代它，如图 5.29 所示。

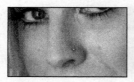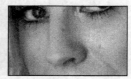

图5.29

7　在眼睛和嘴巴周围的细纹上绘画，还可消除模特眼睛内的血丝以及脸上、脖子上、手臂上和胸部的雀斑。你可以尝试单击非常短的描边以及较长的描边。你还可以尝试其他不同设置。例如要柔化嘴部周边的线条，你可以在选项栏中选择 Proximity Match 以及 Lighten 混合模式。请消除醒目或分散注意力的皱纹和瑕疵，但不要过度修饰，以免看起来不像本人。

Healing Brush 工具对于消除较大的瑕疵来说，更有作用。使用 Healing Brush 工具，你可以更好地控制 Photoshop 样本中的像素。

8　选择隐藏在 Spot Healing Brush 工具（🖊）下的 Healing Brush 工具（🖊），将画笔大小设置为 45 px，将硬度设置为 100%，如图 5.30 所示。

图5.30

9　按住 Alt（Windows）或 Option（Mac OS）并单击模特脸部区域以指定采样源。

10　在模特脸上最大的雀斑上绘画，用采样的颜色将其替代，如图 5.31 所示。稍后将消除纹理。

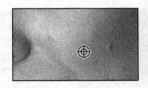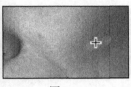

图5.31

11　使用 Healing Brush 工具修复剩下所有较大的瑕疵。

12　选择 File > Save，保存你的工作。

5.4.5　使用 Dodge 和 Sponge 工具改善图像

下面将使用 Sponge 和 Dodge 工具进一步加亮眼睛和嘴唇的颜色。

1　选择隐藏在 Doge 工具（🔍）下面的 Sponge 工具（⬤）。在选项栏中，确保选择了 Vibrance 复选框，并做如下设置，如图 5.32 所示。

图5.32

- Brush 大小：35 px。
- Brush 硬度：0%。
- Mode：Saturate。
- Flow：50%。

2　在视网膜上移动 Sponge 工具，提高饱和度，如图 5.33 所示。

图5.33

Jay Graham是一位有25年从业经验的摄影师。从为家人拍摄照片开始职业生涯，当前的客户涵盖了广告、建筑、出版和旅游业。

请访问jaygraham.com查看Jay Graham的作品集。

专业摄影师的工作流程

良好的习惯至关重要

合理的工作流程和良好的工作习惯可让用户对数码摄影始终充满热情，让照片出类拔萃，并避免因从未备份而丢失作品的噩梦。下面简要地概述数码图像处理的基本工作流程，这是一位有25年从业经验的专业摄影师的经验之谈。Jay Graham阐述的指导原则涉及设置相机、制定基本颜色校正工作流程、选择文件格式、管理图像和展示图像，如图5.34所示。

Graham使用Adobe Photoshop Lightroom来组织数以千计的图像

图5.34

Graham 指出，"人们最大的抱怨是他们的照片找不到了，不知道到哪里去了，因此，正确命名至关重要。"

通过设置相机首选项迈出正确的第一步

如果你的相机支持相机原始数据文件格式，最好采用这种格式进行拍摄，因为这将记录所需的所有图像信息。Graham指出，对于相机原始数据照片，可将其白平衡从白日光转换为白炽灯，而不会降低质量。如果出于某些原因，以JPEG拍摄更合适，务必使用高分辨率，并将其压缩设置为"精细"。

从最好的素材开始

拍摄时记录所有的数据——采用合适的压缩方式和较高的分辨率，因为你没有机会回过头去再拍摄。

组织文件

将图像下载到计算机中，尽早对其进行命名和编目。Graham指出，如果使用相机指定的默认名称，迟早将因相机重置而导致多个文件的名称相同。使用Adobe Lightroom给要保存的照片重命名、评级以及添加元数据，并将不打算保存的照片删除。

Graham根据日期（可能还有主题）给文件命名。他将2011年12月12日在Stinson海滩拍摄的所有照片储存在名为20111212_Stinson_01的文件夹中。在该文件夹中，每个文件的编号依次递增，这样在硬盘中查找它们将非常容易。为确保文件名适用于非Macintosh平台，应遵循Windows命令规则：最多包含32个字符，只使用数字、字母、下划线和连字符。

将相机原始数据图像转换为DNG格式

将编辑后的相机原始数据图像储存为DNG格式。不同于众多相机的专用相机原始数据格式，这是一种开源格式，任何设备都能够读取。

保留主控图像

将主控图像储存为PSD、TIFF或DNG格式，而不要储存为JPEG格式。每次编辑并保存JPEG图像时，图像质量都将因重新压缩而降低。

向客户和朋友展示

根据交付作品的方式选择合适的颜色配置文件，并将图像转换到该配置文件，而不要指定配置文件。如果图像要以电子方式查看或将其提供给在线打印服务商打印，sRGB将是最佳选择；对于将用于传统印刷品（如小册子）中的RGB图像，最佳的配置文件是Adobe 1998或Colormatch；对于要使用喷墨打印机打印的图像，最佳的配置文件为Adobe 1998或ProPhoto。对于将以电子方式查看的图像，将分辨率设置为72 dpi，对于要用于打印的图像，将分辨率设置为1800 dpi或更高。

3 将 Brush 大小改为 70 px，Flow 改为 10%。然后使用 Sponge 工具刷过嘴唇以提高饱和度。你也可以使用 Sponge 工具降低颜色的饱和度。可以减少眼角的红色。

4 将 Brush 大小改为 45 px，Flow 改为 50%。从选项栏中的 Mode 菜单里选择 Desaturate。

5 刷过眼角，以减少红色。

6 选择隐藏在 Sponge 工具下方的 Dodge 工具（ 🔍 ）。

7 在选项栏中，将 Brush 大小改为 60 px，Exposure 变为 10%。选择 Range 菜单中的 Hightlights，如图 5.35 所示。

图5.35

8 用 Dodge 工具刷过眼睛的眼白和视网膜，使其变亮，如图 5.36 所示。

图5.36

9 在 Dodge 工具被选中的条件下，在选项栏的 Range 菜单中选择 Shadows，如图 5.37 所示。

图5.37

10 使用 Dodge 工具减轻眼睛上方和视网膜周围的阴影区域，提亮颜色，如图 5.38 所示。

图5.38

5.4.6　调整肤色

在 Photoshop 中，你可以选择一个目标肤色的颜色范围，以便轻松调整皮肤的色阶和色调，而且不会影响整个图像。在选择肤色的颜色范围时，也将选择图像中具有类似颜色的其他区域，但由于你只做细微的调整，因此这通常是可以接受的。

1 选择 Select > Color Range。

2 在 Color Range 对话框中，从 Select 菜单中选择 Skin Tones。

预览显示选择了大部分图像。

3 选择 Detect Faces。

选区的预览发生了变化。现在，脸、较亮的头发以及礼服较亮的区域被选中。

4 将 Fuzziness 滑块减小到 10，细化选区，然后单击 OK，如图 5.39 所示。

图5.39

选区以虚线（有时也被成为行军蚁）的形式出现在图像上。你将对选区应用 Curves 调整图层，以降低图像中肤色整体的红色。

5 单击 Adjustments 面板中的 Curves 图标，如图 5.40 所示。

图5.40

Photoshop 在 Corrections 图层上方添加了一个 Curves 调整图层。

6 在 Properties 面板的颜色通道菜单中选择 Red。然后点击曲线图的中间部分，轻微拉动曲线。选定区域变得没有那么红了。要注意不要将曲线拉下来太多，否则图像会偏绿。你可以通过点击 Toggle Layer Visibility 按钮查看造成的差异。

因为在应用 Curves 调整图层之前选择了肤色，皮肤颜色会发生变化，但背景不变。调整对图像本身的影响没有对皮肤的影响大，不过融合效果很好很微妙。最终效果如图 5.41 所示。

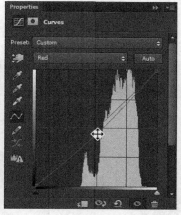

图5.41

5.4.7　应用表面模糊

模特照片就要处理好了。最后，你要应用 Surface Blur 滤镜，让模特的皮肤更光滑。

1 选择 Corrections 图层，然后选择 Layer > Duplicate Layer。在 Duplicate Layer 对话框中，将图层命名为 Surface Blur，然后单击 OK。

2 在选择了 Surface Blur 图层的情况下，选择 Filter > Blur > Surface Blur。

3 在 Surface Blur 对话框中，保留 Radius 为 5 像素，并将 Threshold 滑块移到 10 色阶处，然后单击 OK，如图 5.42 所示。

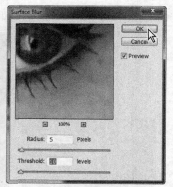

图5.42

Surface Blur 滤镜让模特的皮肤看起来太光滑了，下面要降低图层的不透明度，以减弱这种效果。

4 在选择了 Surface Blur 图层的情况下，在 Layers 面板中将 Opacity 改为 40％，如图 5.43 所示。

图5.43

现在模特看起来更真实了，但还可使用 Eraser 工具实现更精确的表面模糊。

5　选择 Eraser 工具（🖌）。在选项栏中，将画笔大小设置为 10~50 像素，硬度设置为 10%，不透明度设置为 90%，如图 5.44 所示。

图5.44

6　在眼睛、眉毛、鼻子轮廓线和衣服上绘画。这将删除模糊后的图层的相应部分，让下面更清晰的图层的相应部分显示出来。

7　缩小图像以便看到整个图片，如图 5.45 所示。

图5.45

8　保存你的工作。

9　选择 Layer > Flatten Image，将图层拼合，缩小图片尺寸。

10　再次保存图像，然后将其关闭。

5.5　在 Photoshop 中校正数码照片

你在前面看到，Photoshop 包含大量让用户能够轻松地提高数字照片质量的功能，其中包括突出图像的阴影和高光区域中的细节、轻松地消除红眼、减少图像中不需要的杂色以及锐化图像的特定区域等。为了学习这些功能，你需要编辑另一幅图像：海滩上的女孩肖像。

5.5.1　调整阴影和高光

为了突出图像中的阴影或高光区域中的细节，可使用 Shadows/Highlight 命令。该命令最适合用于校正这样的照片：主体后面有非常强的逆光或主体离闪光灯太近而不清晰。这种调整也可用于突出光照合适的图像的阴影细节。

1 选择 File > Open，切换到 Lesson05 文件夹。双击 05C_Start.psd 图片，在 Photoshop 中打开它，如图 5.46 所示。

2 选择 File > Save As，将文件命名为 005C_Working.psd，点击 Save。

3 选择 Image > Adjustments > Shadows/Highlights。

Photoshop 自动将默认设置应用于该图像——加亮背景。下面自定义设置，以突出阴影和高光中更多的细节并改善天空中的日落景色。

4 在 Shadows/Highlights 对话框中，选中 Show More Options 复选框以展开该对话框，并作如下设置，如图 5.47 所示。

- 在 Shadows 区域，将 Amount 设置为 50%，将 Tonal Width 设置为 50%，将 Radius 设置为 38 px。
- 在 Highlights 区域，将 Amount 设置为 14%，将 Tonal Width 设置为 46%，将 Radius 设置为 43 px。
- 在 Adjustments 区域，将 Color Correction 滑块拖曳到 +5，将 Midtone Contrast 滑块拖曳到 +22，保留 Black Clip 和 White Clip 的默认设置。

5 单击 OK 让修改生效。

图5.46

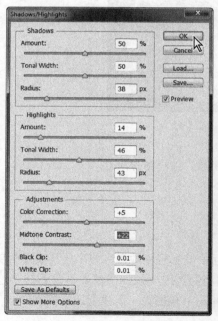

图5.47

6 选择 File > Save，保存你的工作。

相机防抖

即使手很稳定，在使用慢速快门或长焦距拍照时，也会导致无意的相机抖动，如图5.48所示。相机防抖滤镜可降低所产生的相机抖动，让图像更清晰。

在应用相机防抖滤镜之前

图5.48

如果将滤镜应用于图像的特定部分，而不是整个图像，会达到更好的效果。如果文字由于相机抖动已经变得难以辨认，这一滤镜尤其有用。

要使用相机防抖滤镜，打开图像，并选择Filter > Sharpen > Shake Rduction。滤镜会自动分析图像，选择感兴趣的区域来校正模糊。使用Detail放大镜查看预览。以上基本就是你需要做的所有步骤。如果对结果满意，请单击OK以关闭Shake Reduction对话框并应用滤镜。效果如图5.49所示。

应用相机防抖滤镜之后

图5.49

如果想作进一步的调整，展开对话框的Advanced区域。你可以改变感兴趣的区域，或调整其大小；查看和调整模糊跟踪，这是Photoshop所识别的相机抖动的形状和大小；调整Smoothing和Artifact Suppression的值以纠正杂色和伪像。你甚至可以保存模糊跟踪，将设置应用在另一个图像中。有关相机防抖滤镜的完整信息，请参阅Photoshop Help。

5.5.2 消除红眼

红眼是由于闪光灯照射到拍摄对象的视网膜上而导致的。在黑暗的房间中拍摄人物时常常出现这种情况，因为此时人物的瞳孔很大。在 Photoshop 中消除红眼很容易。下面将消除该照片中女孩眼睛中的红眼。

1 选择 Zoom 工具（ 🔍 ）并拖曳出一个环绕女孩眼睛的方框，环绕的部分要充满整个图像窗口。为拖曳方框，可能需要取消选择 Scrubby Zoom 复选框。

2 选择隐藏在 Healing Brush 工具（ ✐ ）下面的 Red Eye 工具（ +👁 ）。

3 在选项栏中，保留 Pupil Sze 为 50％，但将 Darken Amount 改为 75％，如图 5.50 所示。

图5.50

Darken Amount 决定了瞳孔应该有多暗。

4 单击女孩左眼的红色区域，红色倒影消失了。

5 单击女孩右眼的红色区域将这里的倒影也消除，如图 5.51 所示。

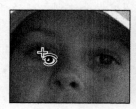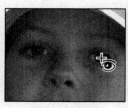

图5.51

6 双击 Zoom 工具将视图缩小到 100％。

7 选择 File > Save，保存你的工作。

5.5.3 减少杂色

图像杂色显示为随机的无关像素，这些像素不是图像细节的一部分。如果在数码相机上用很高的 ISO 设置拍照、曝光不足或用较慢的快门速度在黑暗区域中拍照，都可能导致杂色。扫描得到的图像也可能包含杂色，这可能是扫描传感器引起的，也可能是由于被扫描胶片的微粒图案引起的。

图像杂色有两种：亮度杂色和颜色杂色。前者是灰度数据，使图像看起来斑斑驳驳，后者通常看起来像是图像中的彩色伪像。Reduce Noise 滤镜可以在保留边缘细节的情况下消除各个颜色通道中的这两类杂色，还可以校正 JPEG 压缩导致的伪像。

首先要放大女孩的脸以便能够看清楚其中的杂色。

1 选择 Zoom 工具（ 🔍 ）并单击脸部中央，直至放大到 300％左右。

这幅图像中的杂色主要为斑点和粗糙，皮肤上有不规则颗粒。使用 Reduce Noise 滤镜可柔化该区域。

2 选择 Filter > Noise > Reduce Noise，然后放大，以在预览窗口中清楚地看到杂色。

3 在 Reduce Noise 对话框中做如下设置，如图 5.52 所示。

- 将 Strength 提高到 8（它控制亮度杂色的数量）。
- 将 Preserve Details 减少到 30%。
- 将 Reduce Color Noise 提高到 80%。
- 将 Sharpen Details 增大到 30%。

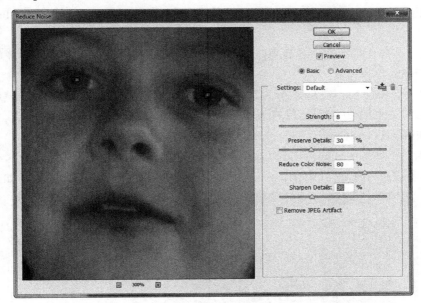

图5.52

不用选中 Remove JPEG Artifact 复选框，因为该图像不是 JPEG 图像，不存在 JPEG 图像的不自然感。

> **Ps** **注意**：要减少图像各个通道中的杂色，可以选中 Advanced，然后单击 Per Channel 标签，在每个通道中调整上述设置。

4 通过拖曳在预览区域显示面部。在预览区域单击并按住鼠标按钮可查看修改之前的图像，松开鼠标后可看到校正后的图像，如图 5.53 所示。

5 单击 OK 让修改生效并关闭 Reduce Noise 对话框，然后双击 Zoom 工具将缩放比例恢复到 100%。

6 选择 File > Save，保存你的工作，然后关闭该文件。

5.6 校正图像扭曲

Lens Correction 滤镜可修复常见的相机镜头缺陷，如桶形和枕形扭曲、色差及晕影。桶形扭曲是一种镜头缺陷，导致直线向外向图像边缘弯曲；枕形扭曲则相反，导致直线向内弯曲；色差指的是图像对象的边缘出现色带；晕影指的是图像的边缘（尤其是角落）比中央暗。

根据使用的焦距和光圈，有些镜头可能出现这些缺陷。可以让 Lens Correction 滤镜根据拍摄照片时使用的相机、镜头和焦距使用相应的设置，还可使用该滤镜来旋转图像或修复由于相机垂直或水平倾斜而导致的图像透视问题。相对于使用 Transform 命令，该滤镜显示的网格让这些调整更容易，更精确。

在本节中，你将调整一幅希腊庙宇图像的镜头扭曲。

1 选择 File > Open，切换到 Lesson05 文件夹，然后双击 05D_Start.psd 图像，在 Photoshop 中打开它。

图像中的立柱向相机弯曲，看起来好像已经变形。这种扭曲是由于拍摄时距离太近且使用的是广角镜头引起的。

2 选择 File > Save As。在 Save As 对话框中，将文件命名为 Columns_Final.psd，然后将其保存在 Lesson05 文件夹中。如果出现 Photoshop Format Options 对话框，点击 OK。

3 选择 Filter > Lens Correction，打开 Lens Correction 对话框。

4 如果对话框底部的 Show Grid 复选框没有被选中，则将其选中。

图像上出现对齐网格，在消除扭曲、校正色差、删除晕影和变换透视选项的旁边，如图 5.53 所示。

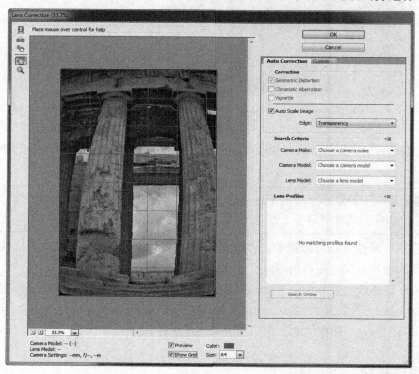

图5.53

Lens Correction 对话框包含一个自动校正选项。你将要在 Auto Correction 标签中调整其中的一项设置，然后自定义其他设置。

5 在 Auto Correction 标签的 Correction 区域，确保选择了 Auto Scale Image 复选框，且从

Edge 菜单中选择了 Transparency。

6 选择 Custom 标签。

7 在 Custom 标签中，将 Remove Distortion 滑块拖曳到 +52 左右，以消除图像中的桶形扭
   曲；也可选择 Remove Distortion 工具（▣）并在预览区域中拖曳鼠标直到立柱变直。

这种调整导致图像边界向内弯曲，但由于选择了 Auto Scale Image 复选框，Lens Correction 滤
镜将自动缩放图像以调整边界。

 提示：修改时注意对齐网络，以便知道什么时候立柱变成了垂直的。

8 点击 OK 使修改生效并关闭 Lens Correction 对话框，如图 5.54 所示。

图5.54

使用广角镜头及拍摄角度过低导致的扭曲消除了。

9 （可选）要在图像窗口中查看修改效果，按下 Ctrl+Z（Windows）或 Command+Z（Mac
   OS）两次，以撤销和恢复滤镜效果。

10 选择 File >Save，保存所做的更改。如果出现 Photoshop Format Options 对话框，点击 OK，
   然后关闭图像窗口。最终效果如图 5.55 所示。

图5.55

5.7 增大景深

拍摄照片时，常常需要决定让前景还是背景清晰。如果希望整幅照片都清晰，可拍摄两张照片（一张前景清晰，一张背景清晰），再在 Photoshop 中合并它们。

由于需要精确地对齐图像，因此使用三脚架固定相机将有所帮助。但即使手持相机，也可获得令人惊奇的效果。下面使用这种技巧处理海滩上的高脚杯图像。

1. 在 Photoshop 中，选择 File > Open。切换到 Lessons/Lesson05 文件夹，并双击打开 05E_Start.psd 文件。

2. 选择 File > Save As，将文件命名为 Glass_Final.psd，然后将其保存在 Lesson05 文件夹中。如果出现 Photoshop Format Options 对话框，点击 OK。

3. 在 Layers 面板中，隐藏 Beach 图层，以便只有 Glass 图层可见。高脚杯是清晰的，而背景是模糊的。然后显示 Beach 图层，并隐藏 Glass 团层，现在海滩是清晰的，而高脚杯是模糊的。整个过程如图 5.56 所示。

图5.56

下面将每个图层中的清晰部分合并起来。首先需要对齐图层。

4. 同时显示这两个图层，然后按住 Shift 键并单击这两个图层以选择它们，如图 5.57 所示。

图5.57

5 选择 Edit > Auto-Align Layers。

由于这两幅图像是从相同的角度拍摄的，使用 Auto 就可获得很好的对齐效果。

6 如果没有选择 Auto 单选按钮，请将其选中。确保 Vignette Removal 和 Geometric Distortion
没有被选中，然后单击 OK 以对齐图层，如图 5.58 所示。

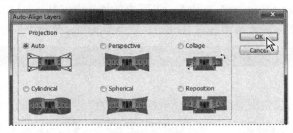

图5.58

现在，图层完全对齐了，可以将它们混合。

7 在 Layers 面板中，确保选中了这两个图层。然后选择 Edit > Auto-Blend Layers。

8 选择 Stack Images 和 Seamless Tones and Colors，再单击 OK，如图 5.59 所示。

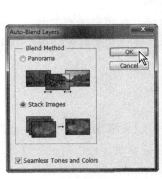

图5.59

高脚杯和后面的海滩都很清晰。下面要合并图层以方便做其他调整。

9 选择 Layer > Merge Visible。最终效果如图 5.60 所示。

图5.60

5.7.1 使用内容感知移动工具扩展对象

你将要使用 Content-Aware Move 工具为海滩添加一些木桩，以模仿平台残留，给画面营造更平滑的旋律。

1 选择隐藏在 Red Eye Removal 工具（+◉）下方的 Content-Aware Move 工具（✖）。

2 在选项栏中，从 Mode 菜单中选择 Extend，从 Adaptation 菜单中选择 Strict，如图 5.61 所示。

图5.61

3 在末尾的两个木桩位置周围绘制一个选取框，包括在其阴影部分的一些沙子，如图 5.62 所示。

图5.62

4 轻微向下拖动选区，使其位于原木桩的右侧，将排列继续下去。

松开鼠标时，Photoshop 增加了两个新的木桩，并将其整齐地融合在了场景中。

5 选择 Select > Deselect。

5.7.2 添加交互式模糊

交互式模糊让用户在图片上进行预览时，能自定义模糊。你要应用光圈模糊在高脚杯周围添加晕影。要将模糊用作智能滤镜，这样如果之后想要修改，还可以进行修改。

1 选择 Layer > Smart Objects > Convert To Small Object。

2 选择 Filter > Blur > Iris Blur。

在图像中心出现一个模糊的椭圆。你可调整模糊的位置和范围，为此可移动中心点、模糊手柄和椭圆手柄。Photoshop 也打开了 Blur Tools 和 Blue Effects 面板。

3 拖动中心点，使其位于高脚杯的右侧。

4 单击椭圆并将其向外拖曳，以增大模糊的范围。

5 按住 Alt 键（Windows）或 Option 键（Mac OS），单击并拖曳模糊手柄，使其符合下面第二幅图像中的内容。按下 Alt 键或 Option 键可以让你单独拖曳每个手柄，如图 5.63 所示。

图5.63

A.中心点　B.椭圆　C.模糊手柄　D.对焦环

6 在对焦环附近单击并拖曳，将模糊量减少至 6 像素，创建一个渐进但明显的模糊。还可以通过移动 Blue Tools 面板中 Iris Blur 区域的 Blur 滑块改变模糊量，如图 5.64 所示。

图5.64

7 在选项栏中单击 OK，应用模糊。

图像看起来非常不错，即将大功告成——只需添加一个 Vibrance 调整图层，使图像更鲜艳即可。

8 单击 Adjustments 面板中的 Vibrance 按钮。

9 将 Vibrance 滑块移至 +33，将 Saturation 滑块移至 -5，如图 5.65 所示。

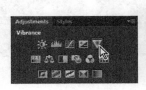

图5.65

Vibrance 调整图层会影响其下面的所有图层。

10 选择 File > Save，保存你的工作，然后关闭文件。最终效果如图 5.66 所示。

图5.66

至此，你已经改进了 5 幅图像，使用不同的方法调整光照和色调、消除红眼、校正镜头扭曲、增大景深等。你可以单独或结合使用这些方法来处理自己的图像。

高动态范围（HDR）图像

人类观察周遭的世界时，肉眼能够适应不同的亮度，因此能够看清阴影或高光中的细节。然而，相机和计算机显示器的动态范围（最暗和最亮区域的亮度比）有限。Photoshop 让你能够创建高动态范围（HDR）图像，从而将肉眼在现实世界中看到的亮度加入图像。HDR 图像常用于电影、特效和其他高端摄影。然而，通过使用多张以不同曝光拍摄的照片创建 HDR 图像，可将每张照片显示的细节集中到一幅图像中。

下面使用 Merge To HDR 滤镜合并三张不同的街景照片。

1 在 Bridge 中，打开 Lesson05/HDR_ExtraCredit 文件夹，查看文件 StreetA.jpg、StreetB.jpg 和 StreetC.jpg，如图 5.67 所示。这些照片是以不同的曝光度拍摄的相同场景。虽然这里使用的是 JPEG 图像，但也可以使用 Raw 图像。

图5.67

2 在 Photoshop 中，选择 File > Automate > Merge To HDR Pro。

3 在 Merge To HDR Pro 对话框中，单击 Browse。然后切换到 Lesson05/HDR_ ExtraCredit 文件夹。按住 Shift 键选择文件 StreetA.jpg、StreetB.jpg 和 StreetC. jpg。点击 OK 或 Open。

4 确保选中了 Attempt To Automatically Align Source Images，然后单击 OK。

Photoshop打开每个文件并将它们合并成一幅图像。该图像出现在Merge To HDR Pro对话框中，而且应用的是默认设置。用于合并的三幅图像显示在对话框的左下角。

5 在 Merge To HDR Pro 对话框中进行以下设置，如图 5.68 所示。

- 在 Edge Glow 区域，移动 Radius 滑块到 403 像素，Strength 为 0.75。这些设置可以决定怎样应用边缘光。

- 在 Tone And Details 区域，将 Gamma 改为 1.150，Exposure 为 0.30，Details 为 300%。这些设置会影响图像的整体色调。

- 在 Advanced 区域，将 Shadow 调整为 2%，Highlight 为 11%，它们决定了阴影和高光中的细节量。将 Vibrance 改为 65%，Saturation 为 55%，以调整颜色饱和度。

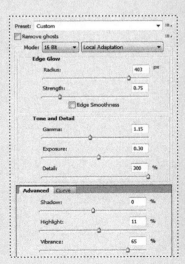

图5.68

6 单击 OK 使更改生效，关闭 Merge To HDR Pro 对话框。Photoshop 应用所选择的设置，将多个图层合并为一个图层。

7 选择 File > Save。将文件保存为 ExtraCredit_final.psd。

8 关闭该文件。

复习

复习题

1 在 Camera Raw 中编辑相机原始数据图像时会发生什么情况？

2 Adobe 数字负片（DNG）文件格式有何优点？

3 在 Photoshop 中如何消除红眼？

4 描述如何在 Photoshop 中修复常见的镜头缺陷。这些缺陷是什么原因导致的？

复习题答案

1 相机原始数据文件包含数码相机图像传感器中未经处理的图片数据，让摄影师能够对图像数据进行解释，而不是由相机自动进行调整和转换。在 Camera Raw 中编辑图像时，将保留相机原始文件数据，这样用户可以根据需要对图像进行编辑，然后导出它，同时保留原件不动供以后使用或进行其他调整。

2 Adobe 数字负片（DNG）文件格式包含来自数码相机的原始图像数据以及定义图像数据含义的元数据。DNG 是一种相机原始图像数据行业标准，可帮助摄影师管理专用的相机原始文件格式，并提供了一种兼容的归档格式。

3 红眼是由于闪光灯照射到拍摄对象的视网膜上导致的。要在 Adobe Photoshop 中消除红眼，可放大人物的眼睛，然后选择 Red Eye 工具并在红眼上单击，红色倒影将消失。

4 Lens Correction 滤镜可修复常见的相机镜头缺陷，如桶形扭曲（直线向图像边缘弯曲）和枕形扭曲（直线向内扭曲）、晕影（图像的边缘，尤其是角落比中央暗）及色差（图像对象的边缘出现色带）。焦距或光圈设置不正确、相机垂直或水平倾斜都可能导致这些缺陷。

第6课 蒙版和通道

在本课中，你将学习以下内容：

- 通过创建蒙版将主体与背景分离；
- 调整蒙版使其包含复杂的边缘；
- 创建快速蒙版以修改选定区域；
- 使用 Properties 面板编辑蒙版；
- 使用 Puppet Warp 操纵图像；
- 将选区保存为 Alpha 通道；
- 使用 Channels 面板查看蒙版；
- 将通道作为选区载入；
- 隔离通道以修改图像的特定部分。

 学习本课需要大约 1 个小时的时间。如果还没有将 Lesson06 文件夹复制到本地硬盘中，请现在就这样做。在学习过程中，请保留初始文件；如果需要恢复初始文件，只需要从配套光盘中再次复制它们即可。

PROJECT: MAGAZINE COVER IMAGE

Photography © Image Source, www.imagesource.com

　　使用蒙版可隔离并操纵图像的特定
部分。可以修改蒙版的挖空部分，但其
他区域受到保护，不能修改。可以创建
一次性使用的临时蒙板，也可保存蒙版
供以后使用。

6.1 使用蒙版和通道

Photoshop 蒙版隔离并保护部分图像，就像保护条可以在粉刷房间时防止油漆喷到窗户玻璃和窗饰上一样。根据选区创建蒙版时，未选中的区域将被遮住（不能编辑）。使用蒙版可创建和保存耗费大量时间创建的选区，供以后使用。另外，蒙版还可用于完成其他复杂的编辑任务，如修改图像的颜色或应用滤镜效果。

在 Adobe Photoshop 中，可创建被称为快速蒙版的临时蒙版；也可创建永久性蒙版，并将其存储为被称为 Alpha 通道的特殊灰度通道。Photoshop 还使用通道存储图像的颜色信息。不同于图层，通道是不能打印的。你可以使用 Channels 面板来查看和处理 Alpha 通道。

在蒙版技术中，一个重要的概念是黑色隐藏而白色显示。与现实生活中一样，很少有非黑即白的情况。灰色实现部分隐藏，隐藏程度取决于灰度值（255 相当于黑色，因此完全隐藏；0 相当于白色，因此完全显示）。

6.2 概述

首先来查看要使用蒙版和通道创建的图像。

1 启动 Photoshop 并立刻按住 Ctrl+A1t+Shift（Windows）或 Command+Option+Shift（Mac OS）来恢复默认首选项。

2 出现提示对话框时，单击 Yes 确认要删除 Adobe Photoshop 设置文件。

3 选择 File > Browse In Bridge，打开 Adobe Bridge。

 注意：如果没有安装 Bridge，选择 Browse In Bridge 时会出现提示对话框。

4 单击 Bridge 窗口左上角的 Favorites 标签，选择 Lessons 文件夹，然后双击 Content 面板中的 Lesson06 文件夹。

5 研究 06End.psd 文件。要放大缩略图以便看得更清楚，可将 Bridge 窗口底部的缩略图滑块向右移动。

在本课中，你要制作一个杂志封面。该封面使用的模特照片的背景不合适，要使用蒙版和 Refine Mask 功能将模特放到合适的背景中。

6 双击 06Start.psd 文件的缩略图，在 Photoshop 中打开它，如果出现 Embedded Profile Mismatch 对话框，单击 OK。

6.3 创建蒙版

下面使用 Quick Selection 工具创建一个初始蒙版，以便将模特与背景分离。

1 选择 File > Save As，将文件重命名为 06Working.psd 并单击 Save。如果出现 Photoshop

Format Option 对话框，单击 OK。

通过存储原始文件的副本，需要时可使用原始文件。

2　选择 Quick Selection 工具（✐）。在选项栏中，将画笔大小设置为 15 px，硬度设置为 100%，如图 6.1 所示。

3　选择照片中的男人。选择衬衫和脸很容易，但头发比较难选择。如果建立的选区不完美，也不用担心，在下一节中会调整蒙版。

> **Ps** 提示：有关如何建立选区，请参阅第 3 课。

图6.1

4　在 Layers 面板底部，点击 Add Layer Mask 按钮（▢），创建一个图层蒙版，如图 6.2 所示。

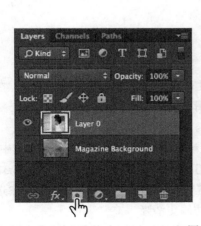

图6.2

该选区成为一个像素蒙版，并且在 Layers 面板中以 Layer 0 的一部分出现。选区外的部分都变成了透明的，用棋盘图案表示。

蒙版概念

Alpha通道、通道蒙版、剪贴蒙版、图层蒙版和矢量蒙版之间有何不同呢？在有些情况下，它们是同义词：可将通道蒙版转换为图层蒙版，而图层蒙版和矢量蒙版之间也可相互转换。

下面简要地介绍这些概念。它们之间的共同之处在于，它们都储存选区，让用户能够以非破坏性方式编辑图像，随时可恢复到原始图像。

- Alpha 通道也被称为蒙版或选区，它们是添加到图像中的额外通道，以灰度图像的方式储存选区。用户可通过添加 Alpha 通道来创建和储存蒙版。
- 图层蒙版类似于 Alpha 通道，但与特定图层相关联。通过使用图层蒙版，可控制要显示（隐藏）图层的哪些部分。在 Layers 面板中，图层蒙版的缩略图（在添加内容前为空白的）显示在图层缩略图右边，如果周围有黑色边框，则说明图层蒙版当前被选中。
- 矢量蒙版是由矢量（而不是像素）组成的图层蒙版。矢量蒙版独立于分辨率，它有犀利的边缘，是使用钢笔或形状工具创建的。它们不支持透明度，因此不能羽化其边缘。它们的缩略图看起来与图层蒙版缩略图相同。
- 剪贴蒙版应用于图层，让用户只将效果应用于特定图层，而不是下面的所有图层。通过使用剪贴蒙版来剪贴图层，将只有该图层受影响。剪贴蒙版的缩略图向右缩进，并通过一个直角箭头指向它下面的图层。被剪贴的图层的名称带下划线。
- 通道蒙版限定只对特定通道（如 CMYK 图像中的青色通道）进行编辑。通道蒙版对于创建边缘细致的复杂选区很有帮助。可以根据图像的主要颜色创建通道蒙版，还可根据通道中主体和背景之间的强烈反差来创建通道蒙版。

6.4 调整蒙版

这个蒙版很不错，但 Quick Selection 工具没有选择模特的所有头发。另外，在该蒙版中，衬衫和脸部边缘也略呈锯齿状。下面要让蒙版更平滑，并微调头发周围的区域。

1　选择 Window > Properties，打开 Properties 面板。

2　在 Layers 面板中，如果 Layer 0 上的蒙版没有被选中，点击该蒙版将其选中。

3　在 Properties 面板中，单击 Mask Edge，打开 Refine Mask 对话框，如图 6.3 所示。

4　在该对话框的 View Mode 区域，单击预览窗口旁边的箭头并从弹出菜单中选择 On Black。蒙版将以黑色为背景，让白色衬衫和脸部的边缘更清晰。

5　在该对话框的 Adjust Edge 区域，通过调整滑块沿衬衫和脸部创建平滑的未羽化边缘。最佳设置取决于所创建的选区，但与这里的设置可能比较接近。这里将 Smooth 滑块设置为 15，Contrast 设置为 40%，Shift Edge 设置为 -8%，如图 6.4 所示。

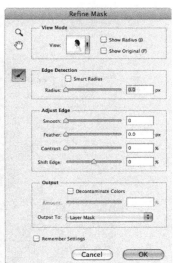

图6.3

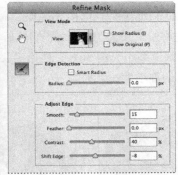

图6.4

6 在该对话框的 Output 区域，选择 Decontaminate Colors 复选框，并从 Output To 菜单中选择 New Layer With Layer Mask。

7 选择 Refine Mask 对话框的 Zoom 工具，然后单击脸部将其放大。

8 选择 Refine Mask 对话框中的 Refine Radius 工具（）, 使用它绘画以删除嘴唇和鼻子周围遗留的白色背景，如图 6.5 所示。要缩小画笔，可按 [键；要增大画笔，可按] 键。

9 对环绕脸部的蒙版部分满意后，单击 OK。

Layers 面板中将出现一个名为 Layer 0 copy 的新图层。下面将使用该图层来调整蒙版，使其覆盖一束束头发。

10 在选择了 Layer 0 copy 的情况下，单击 Properties 面板中的 Mask Edge，再次打开 Refine Mask 对话框。

11 从 View 弹出菜单中选择 On White，在白色背景下黑色头发显得很清晰。如果必要，缩小视图或使用 Hand 工具调整图像的位置，以便能够看到所有的头发。

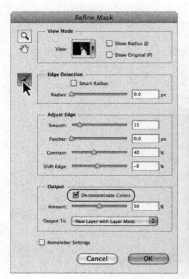
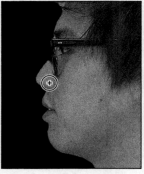

图6.5

12 选择 Refine Mask 对话框中的 Refine Radius 工具。按] 键增大画笔（选项栏显示了画笔大小，这里首先将画笔设置为 300 px）。然后，沿头发上边缘绘画，以包含所有立起的头发束。按 [键将画笔缩小大约 50%，然后沿头部右侧绘画，那里头发的颜色为纯色，可以挑选出任何突出的细小发丝，如图 6.6 所示。

图6.6

绘画时，Photoshop 将调整蒙版边缘，让蒙版涵盖头发，但不会涵盖大部分背景。如果在图层蒙版上绘画，会把背景包含进来。Refine Mask 功能很不错，但它并不完美。下面要将随头发一起包含进来的背景剔除。

13 在 Refine Mask 对话框中，选择隐藏在 Refine Radius 工具后面的 Erase Refinements 工具（ ✍ ）。在呈现出背景色的每个地方单击一两次，以进一步清理蒙版。小心不要抹去对头发边缘所做的调整。如果必要，可撤销一步或使用 Refine Radius 工具恢复边缘。

14 选择 Decontaminate Colors 复选框，并将 Amount 滑块设置为 85%。从 Output To 菜单中选择 New Layer With Layer Mask，再单击 OK，如图 6.7 所示。

15 在 Layers 面板中，显示 Magazine Background 图层，模特将出现在桔色图案背景的前面，如图 6.8 所示。

图6.7

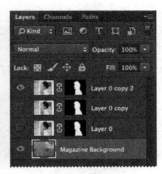

图6.8

Julieanne Kost 是一名 Adobe Photoshop 官方布道者。

来自Photoshop布道者的提示
缩放工具快捷键

　　编辑图像时，经常需要放大图像以处理细节，然后缩小图像以查看修改效果。下面是一些快捷键，让执行缩放操作更快捷、更容易。

- 选中任一工具，按住 Ctrl 和加减号（Windows）或 Command 和加减号（Mac OS），来缩放图像。
- 双击工具箱中的 Zoom 工具，将图像的缩放比例设置为 100%。
- 选择选项栏中的 Scrubby Zoom 时，向左拖曳可放大视图，而向右拖曳可以缩小视图。
- 按住 Alt（Windows）或 Option（Mac OS）从 Zoom In 工具切换到 Zoom Out 工具，然后单击要缩小的图像区域。每执行一次这样的操作，图像都将缩小到下一个预设的缩放比例。

6.5　创建快速蒙版

下面将创建一个快速蒙版以修改镜框的颜色，但在此之前，先来清理一下 Layers 面板。

1　隐藏 Magazine Background 图层，以便将注意力集中在模特上。然后，删除 Layer 0 和

Layer 0 copy 图层。如果出现提示，单击 Yes 或 Delete，确认要删除图层及其蒙版。不需要应用蒙版，因为 Layer copy 2 图层有蒙版。

2　双击 Layer 0 copy 2 图层名，并将其重命名为 Model，如图 6.9 所示。

3　单击工具箱中的 Edit In Quick Mask Mode 按钮（默认情况下在 Standard 模式下编辑），如图 6.10 所示。

图6.9

在 Quick Mask 模式下，建立选区时，将出现红色叠加层，像传统照片冲印店那样使用红色醋酸纸覆盖选区外的区域。只能修改选定并可见的区域，这些区域未受到保护。在 Layers 面板中，选定的图层将呈灰色而不是蓝色，这表明当前处于 Quick Mask 模式。

4　选择工具箱中的 Brush 工具（ ）。

5　在选项栏中，确保模式为 Normal。打开 Brush 弹出面板并选择一种直径为 13 px 的画笔，再在面板外单击以关闭它。

图6.10

6　在眼镜脚上绘画，绘画的区域将变成红色，这创建了一个蒙版。

7　继续绘画以覆盖眼镜脚和镜片周围的镜框。在镜片周围绘画时缩小画笔。不用担心被头发覆盖的眼镜脚部分，直接画过去即可，如图 6.11 所示。

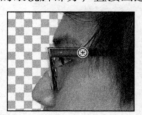

图6.11

在 Quick Mask 模式下，Photoshop 自动切换到 Grayscale 模式：前景色为黑色，背景色为白色。在 Quick Mask 模式下使用绘画或编辑工具时，请牢记如下原则。

- 使用黑色绘画将增大蒙版（红色覆盖层）并缩小选区。
- 使用白色绘画将缩小蒙版（红色覆盖层）并增大选区。
- 使用灰色绘画将部分覆盖。

8　单击 Edit In Standard Mode 按钮，退出 Quick Mask 模式。

未覆盖的区域被选中。除非将快速蒙版保存为永久性的 Alpha 通道蒙版，否则临时蒙版转换为选区后，Photoshop 将丢弃它。

9　选择 Select > Invert，选择前面遮盖的区域。

10　选择 Image > Adjustments > Hue/Saturation。

11　在 Hue/Saturation 对话框中，将 Hue 设置改为 70，单击 OK，镜框将变成绿色，如图 6.12 所示。

12　选择 Select > Deselect。

13　保存你的工作。

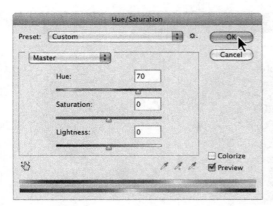
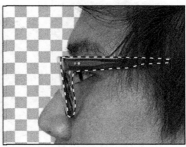

图6.12

6.6 使用 Puppet Warp 操纵图像

Puppet Warp 让你能够更灵活地操纵图像。你可以调整头发或胳膊等区域的位置，就像提拉木偶上的绳索一样。可在要控制移动的地方加入图钉。可以使用 Puppet Warp 使模特的头部向后倾斜，这样他看起来像在向上看。

1 缩小图像以便看到整个模特。

2 在 Layers 面板中选择了 Model 图层的情况下，选择 Edit > Puppet Warp。

图层的可见区域（这里是模特）将出现一个网格。你要使用该网格在要控制移动（或确保它不移动）的地方添加图钉。

3 沿衬衫边缘单击。每次单击时，Puppet Warp 都将添加一颗图钉。添加大约 10 颗图钉就够了。通过在衬衫周围添加图钉，可确保倾斜模特头部时衬衫保持不动。

4 选择颈背上的图钉，图钉中央将出现一个白点，这表明选择了该图钉，如图 6.13 所示。

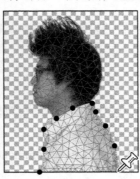
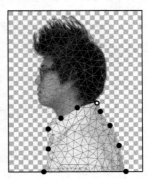

图6.13

5 按住 Alt 键（Windows）或 Option 键（Mac OS），将在图钉周围出现一个更大的圆圈，而鼠标将变成弯曲的双箭头。继续按住 Alt 键（Windows）或 Option 键（Mac OS）并拖曳鼠标，让头部后仰。在选项栏中可看到旋转角度，也可以在这里输入 135 来让头部后仰，如图 6.14 所示。

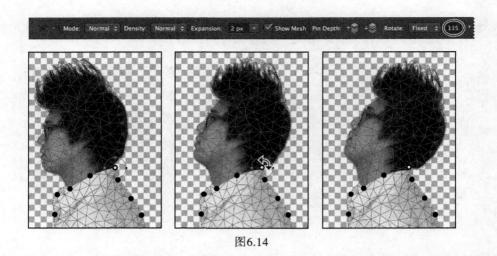

图6.14

6 对旋转角度满意后，单击选项栏中的 Commit Puppet Warp 按钮 (✓) 或按 Enter 或 Return 键。

7 保存你的工作。

6.7 使用通道

不同的图层存储了图像中的不同信息，同样，通道也让你能够访问特定的信息。Alpha 通道将选区存储为灰度图像，而颜色信息通道存储了有关图层中每种颜色的信息。例如，RGB 图像默认包含红色、绿色、蓝色和复合通道。

为避免将通道和图层混为一谈，可这样认为：通道包含了图像的颜色和选区信息，而图层包含的是绘画和效果。

下面要使用一个 Alpha 通道创建模特的投影，然后将图像转换为 CMYK 模式，并使用黑色通道给头发添加彩色高光。

6.7.1 使用 Alpha 通道创建投影

前面创建了一个覆盖模特的蒙版。为创建投影，你可复制该蒙版并调整其位置。为实现这种目标，可以使用 Alpha 通道。

1 在 Layers 面板中，按住 Ctrl（Windows）或 Command（Mac OS）键并单击 Model 图层的图标，这将选择蒙版对应的区域。

2 选择 Select > Save Selection。在 Save Selection 对话框中，确保从 Channel 菜单中选择了 New，然后将通道命名为 Model Outline 并单击 OK，如图 6.15 所示。

Layers 面板和图像窗口都没有任何变化，但在 Channels 面板中添加了一个名为 Model Outline 的新通道。

图6.15

3　单击 Layers 面板底部的 Create A New Layer 图标（ ），将新图层拖放到 Model 图层的下面。然后双击新图层的名称，并将其重命名为 Shadow。

4　在选择了 Shadow 图层的情况下，选择 Select > Refine Edge。在 Refine Edge 对话框中，将 Shift Edge 设置为 +36%，再单击 OK，如图 6.16 所示。

图6.16

5　选择 Edit > Fill。在 Fill 对话框中，从 Use 菜单中选择 Black，再单击 OK，如图 6.17 所示。Shadow 图层将显示用黑色填充的模特轮廓。投影通常没有人那么暗，下面降低该图层的不透明度。

6　在 Layers 面板中，将图层不透明度改为 30%，如图 6.18 所示。

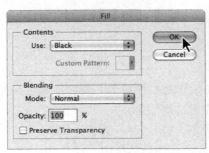

图6.17　　　　　　　　　图6.18

当前，投影与模特完全重合，根本看不到。下面调整投影的位置。

7　选择 Select > Deselect。

8　选择 Edit > Transform > Skew。手工旋转投影或在选项栏的 Rotate 文本框中输入 -15，然后向左拖曳投影或在选项栏的 X 文本框中输入 845。单击 Commit Transform 按钮（✔）或按 Enter 键或 Return 键，让变换生效，如图 6.19 所示。

图6.19

9　选择 File > Save，保存你的工作。

Alpha通道简介

如果你经常使用Photoshop，则一定用过Alpha通道。最好了解一些有关Alpha通道的知识。

- 一幅图像最多可包含 56 个通道，其中包括所有的颜色通道和 Alpha 通道。
- 所有通道都是 8 位的灰度图像，能够显示 256 种灰度。
- 你可以指定每个通道的名称、颜色、蒙版选项和不透明度；其中不透明度只影响通道的预览，而不会影响图像。
- 所有新通道的大小和像素数量都与原始图像相同。
- 可以使用绘画工具、编辑工具和滤镜对 Alpha 通道中的蒙版进行编辑。
- 可以将 Alpha 通道转换为专色通道。

6.7.2　调整通道

该杂志封面图像就要制作完成了，余下的工作是给模特的头发添加彩色高光。下面将图像转换为 CMYK 模式，以便能够利用黑色通道来完成这项任务。

1　在 Layers 面板中选择 Model 图层。

2　选择 Image > Mode > CMYK Color。在出现的对话框中，点击 Don't Merge 按钮，因为要保留图层。如果出现有关颜色配置文件的警告，单击 OK。

3 按住 Alt 键（Windows）或 Option 键（Mac OS）并单击 Model 图层左边的眼睛图标，以隐藏其他所有图层。

4 选择 Channels 标签。在 Channels 面板中，选择 Black 通道，再从 Channels 面板菜单中选择 Duplicate Channel。将通道命名为 Hair 并单击 OK，如图 6.20 所示。

如果只显示了一个通道，图像窗口显示的将是灰度图像；如果显示了多个通道，将为彩色图像。

图6.20

5 让 Hair 通道可见，并隐藏 Black 通道。然后选择 Hair 通道，并选择 Image > Adjustments > Levels，如图 6.21 所示。

图6.21

6 在 Levels 对话柜中，将 Black 设置为 85，Midtones 设置为 1，White 设置为 165，再单击 OK，如图 6.22 所示。

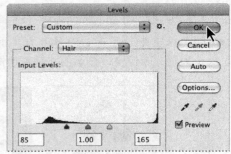

图6.22

7 在仍选择了 Hair 通道的情况下，选择 Image > Adjustments > Invert，该通道将变成黑色背景中的白色区域。

8 选择 Brush 工具，单击工具箱中的 Switch Foreground And Background Colors 图标，将前景色设置为黑色，然后在眼镜、眼睛以及不是头发的其他所有区域绘画，如图 6.23 所示。

图6.23

9 单击 Channels 面板底部的 Load Channel As Selection 图标。

10 选择 Layers 标签，再在 Layers 面板中选择 Model 图层，如图 6.24 所示。

图6.24

11 选择 Select > Refine Edge。在 Refine Edge 对话框中，将 Feather 设置为 1.2 px，再单击
OK。

12 选择 Image > Adjustments > Hue/Saturation。选择 Colorize 复选框，按下面设置滑块，再单
击 OK，如图 6.25 所示。

- Hue：230。
- Saturation：56。
- Lightness：11。

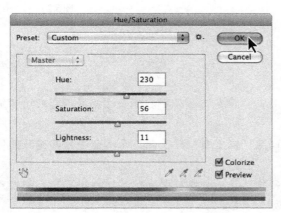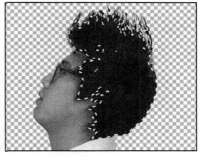

图6.25

13 选择 Image > Adjustments > Levels。在 Levels 对话框中，将 Black 滑块移到直方图的起点，
将 White 滑块移到直方图的终点，将 Midtones 放在它们中间，然后单击 OK，如图 6.26 所
示。这里使用的值为 58、1.65 和 255，你使用的值可能不同。

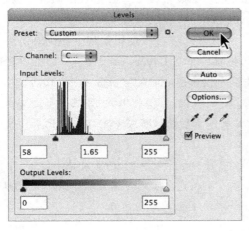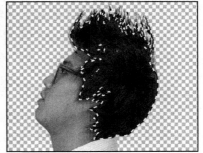

图6.26

14 在 Layers 面板中，显示 Shadow 和 Magazine Background 图层。

15 选择 Select > Deselect。

16 选择 File > Save。

至此，这个杂志封面就做好了。效果如图 6.27 所示。

图6.27

有关蒙版的提示和快捷键

在Photoshop中，掌握蒙版可以帮助你提高工作效率。下面这些提示有助于了解蒙版。

- 蒙版是非破坏性的，这意味着以后可以重新编辑蒙版，而不会导致其隐藏的像素丢失。

- 编辑蒙版时，务必注意在工具箱中选择的颜色。黑色隐藏，白色显示，而灰色部分显示或隐藏。灰色越暗，隐藏的程度越高。

- 要显示图层的内容而不显示蒙版效果，可禁用蒙版，为此可按住Shift键并单击图层蒙版的缩略图，也可选择 Layer > Layer Mask > Disable。在 Layers 面板中，被禁用的蒙版缩略图上有一个红色的 X。

- 要重新启用蒙版，可按住Shift键盘并单击Layers面板中有红色X的蒙版缩略图，也可选择 Layer > Layer Mask > Enable。如果蒙版没有在Layers面板中显示出来，可以选择Layer > Layer Mask > Reveal All，将其显示出来。

- 通过解除图层和蒙版之间的链接，可独立地移动图层和蒙版。要解除图层（图层组）同图层蒙版或矢量蒙版之间的链接，可在 Layers 面板中单击缩略图之间的链接图标；要重新链接它们，可单击两个缩略图之间的空白区域。

- 要将矢量蒙版转换为图层蒙版，可选择与之相关联的图层，并选择Layer > Rasterize > Vector Mask。然而，需要注意的是，将矢量蒙版格栅化后，便无法将其恢复为矢量对象。

- 要修改蒙版，可调整 Properties 面板中的 Density 和 Feather 滑块。Density 滑块决定蒙版的不透明度，浓度为 100% 时，蒙版完全管用；浓度较低时，对比度降低；浓度为 0% 时，蒙版不管用。Feather 滑块柔化蒙版的边缘。

复习

复习题

1 使用快速蒙版有何优点？
2 取消选择快速蒙版时，将发生什么情况？
3 将选区储存为蒙版时，蒙版被储存在什么地方？
4 储存蒙版后如何在通道中编辑蒙版？
5 通道和图层之间有何不同？

复习题答案

1 快速蒙版有助于快速创建一次性选区。另外，通过使用快速蒙版，可使用绘图
   工具轻松地编辑选区。
2 取消选择快速蒙版后，它将消失。
3 蒙版被储存在通道中，而通道可被视为图像中颜色和选区信息的储存区。
4 可使用黑色、白色和灰色在通道中的蒙版上绘画。
5 通道是用于存储选区的存储区。除非手动显示通道，否则它不会出现在图像
   中，也不会被打印。图层可用于隔离图像的不同部分，以便将它们作为独立的
   对象，使用绘画工具、编辑工具进行编辑或应用其他效果。

第7课 文字设计

在本课中，你将学习以下内容：

- 利用参考线在合成图像中放置文本；
- 根据文字创建剪贴蒙版；
- 将文字和其他图层合并；
- 设置文本格式；
- 沿路径放置文本；
- 创建并应用文字样式；
- 使用高级功能控制文字及其位置。

 　学习本课需要不到 1 个小时的时间。如果还没有将 Lesson07 文件夹复制到本地硬盘中，请现在就这样做。在学习过程中，请保留初始文件；如果需要恢复初始文件，只需要从配套光盘中再次复制它们即可。

PROJECT: MAGAZINE COVER LAYOUT

　　Photoshop 提供了功能强大而灵活的文字工具，让用户能够轻松且颇具创意地在图像中加入文字。

7.1　关于文字

在 Photoshop 中，文字由以数学方式定义的形状组成，这些形状描述了某种字体中的字母、数字和符号。很多字体都有多种格式，其中最常见的格式是 Type 1（PostScript 字体）、TrueType 和 OpenType。有关 OpenType 的更详细信息，请参阅本课后面的 "Photoshop 中的Open Type"。

在 Photoshop 中将文字加入到图像中时，字符由像素组成，其分辨率与图像文件相同——放大字符时将出现锯齿形边缘。然而，Photoshop 保留基于矢量的文字的轮廓，并在用户缩放文字、保存 PDF 或 EPS 文件或者通过 PostScript 打印机打印图像时使用它们。因此，用户可以创建边缘犀利的独立于分辨率的文字、将效果和样式应用于文字以及对其形状和大小进行变换。

7.2　概述

在本课中，你将为一本技术杂志制作封面。你将以第 6 课制作的封面为基础，其中包含一位模特、模特投影和橘色背景，你将在封面中添加文字，并设置其样式，包括对文字进行变形。

首先来查看最终的合成图像。

1　启动 Photoshop 并立刻按下 Ctrl+Alt+Shift（Windows）或 Command+Option+Shift（Mac OS）以恢复默认首选项。

2　出现提示对话框时，单击 Yes，确认要删除 Adobe Photoshop 设置文件。

3　选择 File > Browse In Bridge，打开 Adobe Bridge。

4　在 Bridge 左上角的 Favorites 面板中，单击 Lessons 文件夹，然后双击 Content 面板中的 Lesson07 文件夹。

5　选择 07End.psd 文件。向右拖曳缩略图滑块加大缩略图，以便清晰地查看该图像。

你要使用 Photoshop 的文字功能来完成该杂志封面的制作。所需的所有文字处理功能都可以在 Photoshop 中找到，无需切换到其他应用程序就能完成这项任务。

6　双击 07Start.psd 文件，在 Photoshop 中打开它。

7　选择 File > Save As，将文件重命名为 07Working.psd，并单击 Save。

8　如果出现 Photoshop Format Options 对话框，单击 OK 按钮。

Ps | **注意**：如果没有安装 Bridge，会提示用户下载并安装它。

Ps | **注意**：虽然本课是第 6 课的延续，但 07Start.psd 文件包含一条路径和一条注释，这些在你储存的 06Working.psd 文件中没有。

9　在选项栏中的 Workspace Switcher 中选择 Typography。

Typography 工作区显示了本课中会用到的 Character、Paragraph、Paragraph Styles、Character Styles、Layers 和 Paths 面板，如图 7.1 所示。

图7.1

7.3 使用文字创建剪贴蒙版

剪贴蒙版是一个或一组对象，它们遮住了其他元素，使得只有这些对象内部的区域才是可见的。实际上，这是对其他元素进行裁剪，使其符合剪贴蒙版的形状。在 Photoshop 中，可以使用形状或字母来创建剪贴蒙版。在本节中，你要把字母用作剪贴蒙版，让另一个图层中的图像能够透过这些字母显示山来。

7.3.1 添加参考线以方便放置文字

07Working.psd 文件包含一个背景图层，制作的文字将放在它上面。首先放大要处理的区域，并使用标尺参考线来帮助放置文字。

1　选择 View > Fit On Screen，以便能够看到整个封面。

2　选择 View > Ruler，在图像窗口顶端和左边显示参考线标尺。

3　从左标尺拖曳出一条垂直参考线，并将其放在封面中央（4.25 英寸处），如图 7.2 所示。

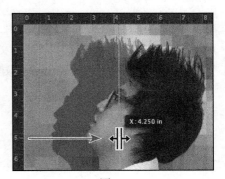

图7.2

7.3.2 添加文字

现在可以在合成图像中添加文字了。Photoshop 允许用户在图像的任何位置创建横排或直排文字。用户可以输入点文字（一个字母、一个单词或一行）或段落文字。在本课中，你将添加这两种文字。首先来添加点文字。

1 在 Layers 面板中，选择 Background 图层。

2 选择 Horizontal Type 工具（T），并在选项栏中做如下设置，如图 7.3 所示。

- 在 Font Family 弹出菜单中选择一种无衬线字体，如 Myriad Pro，然后从 Font Style 弹出菜单中选择 Semibold。
- 在 Size 中输入 144 pt，并按 Enter 或 Return 键。
- 单击 Center Text 按钮。

3 在 Character 面板中，将 Tracking 的值改为 100，如图 7.4 所示。

图7.3

图7.4

4 在前面添加的中央参考线上单击以设置插入点，并输入 DIGITALH，全部大写。然后单击选项栏中的 Commit Any Current Edits 按钮（✔）。

 注意：输入文字后，要提交编辑，要么单击 Commit Any Current Edits 按钮，要么切换到其他工具或图层，而不能通过按 Enter 或 Return 键来提交，这样做会换行。

单词 DIGITAL 被加入到封面中，并作为一个新文字图层（DIGITAL）出现在 Layers 面板中。可以像对其他图层那样编辑和管理文字图层，可以添加或修改文本、改变文字的朝向、应用消除锯齿、应用图层样式和变换以及创建蒙版。也可以像对其他图层一样移动和复制文字图层、调整其排列顺序以及编辑其图层选项。

5 按住 Ctrl（Windows）或 Command 键（Mac OS）并拖曳文字 DIGITAL，将其移到封面顶端。

6 选择 File > Save，保存你的工作。

7.3.3 创建剪贴蒙版及应用投影效果

默认情况下，添加的文字为黑色。这里需要使用一幅电路板图像来填充这些字母，因此接下来将使用这些字母来创建一个剪贴蒙版，让另一个图层中的图像透过它们显示出来。

1 选择 File > Open，打开 Lesson07 文件夹中的 circuit_board.tif 文件。

2 选择 Window > Arrange > 2-Up Vertical。circuit_board.tif 文件和 07Working.psd 文件同时出现在屏幕上。点击 circuit_board.tif 文件，确保它处于活动状态。

3 选择 Move 工具，按住 Shift 键并将 circuit_board.tif 文件的 Background 图层从 Layers 面板拖曳到 07working.psd 文件的中央，如图 7.5 所示。

拖曳时按住 Shift 键可让 circuit_board.tif 图像位于合成图像的中央。

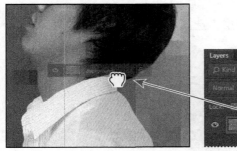

图7.5

在 07worklng.psd 文件的 Layers 面板中将出现一个新图层（Layer 1），该图层包含电路板图像。你将让它透过文字显示出来。然而，在创建剪贴蒙版前，需要缩小电路板图像，因为它相对于合成图像来说太大了。

4 关闭 circuit_board.tif 文件，而不保存所做的修改。

5 在 07Working.psd 文件中，选择 Layer 1，再选择 Edit > Transform > Scale。

6 抓住定界框角上的一个手柄，按下 Alt+Shift（Windows）或 Option+Shift（Mac OS）拖曳，将电路板缩小到与文字等宽。

按住 Shift 键拖曳可保持图像的长宽比不变；按下 Alt 或 Option 键保持其居中。

7 调整电路板的位置，使其覆盖文字区域，然后按下 Enter 或 Return 让转换生效，如图 7.6 所示。

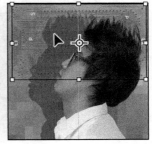

图7.6

8 双击 Layer 1 的图层名并将其改为 Circuit Board。然后，按 Enter 或 Return 键或单击 Layers 面板中图层名的外部使修改生效，如图 7.7 所示。

图7.7

9 如果没有选择 Circuit Board 图层，选择它，再从 Layers 面板菜单（▼▤）中选择 Create
Clipping Mask，如图 7.8 所示。

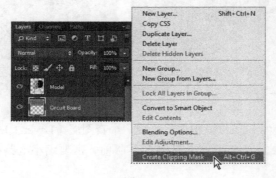

图7.8

Ps │ 提示：也可以这样创建剪贴蒙版：按住 Alt（Windows）或 Option（Mac OS），并
│ 在 Circuit Board 图层和 DIGITAL 文字图层之间单击。

电路板图像将透过字母 DIGITAL 显示出来。Circuit Board 图层的缩略图左边有一个小箭头，
而文字图层的名称带下划线，这表明应用了剪贴蒙版。下面添加内阴影效果，赋予字母以立体感。

10 选择 DIGITAL 图层使其处于活动状态，单击 Layers 面板底部的 Add A Layer Style 按钮
（*fx*），并从弹出菜单中选择 Inner Shadow，如图 7.9 所示。

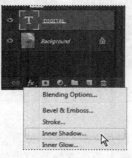

图7.9

11 在 Layer Style 对话框中，将 Blend Mode 设置为 Multiply，Opacity 设置为 48%，Distance 设置为 18，Choke 设置为 0，Size 设置为 16，再单击 OK 按钮，如图 7.10 所示。

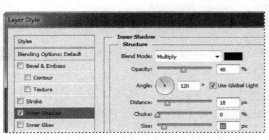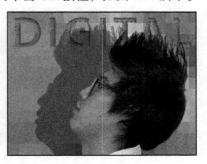

图7.10

12 选择 File > Save，保存你的工作。

7.4 沿路径放置文字

在 Photoshop 中，可沿着你使用钢笔或形状工具创建的路径创建文字。文字的方向取决于在路径中添加锚点的顺序。使用 Horizontal Typle 工具在路径上添加文字时，字母将与路径垂直。如果调整路径的位置或形状，文字也将相应地移动。

下面要在一条路径上创建文字，让问题看起来像是从模特嘴中出来的。路径已经创建好了。

1 在 Layers 面板中，选择 Background 图层。

2 选择 Layers 面板组中的 Paths 标签。

3 在 Layers 面板中，选择名为 Speech Path 的路径。

这个路径看起来像是从模特嘴里出来的，如图 7.11 所示。

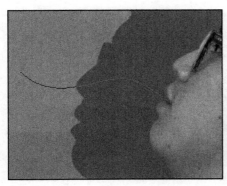

图7.11

4 选择 Horizontal Type 工具。

5 在选项栏中，点击 Right Align Text 按钮。

6 在 Character 面板中做如下设置，如图 7.12 所示。

- Font Family：Myriad Pro。
- Font Style：Regular。
- Font Size（ 🆃 ）：16 pt。
- Tracking(🆅)：-10。
- Color：白色。
- 全大写（ TT ）。

7 将鼠标指向路径，等出现一条斜线后单击路径距离模特嘴部最近的一端，并输入文字"WHAT'S NEW WITH GAMES?"，如图 7.13 所示。

图7.12

图7.13

8 选择单词 GAMES 并将其字体样式改为 Bold，如图 7.14 所示。在选项栏中单击 Commit Any Current Edits 按钮（ ✓ ）。

9 单击 Layers 标签把它置于前方。在 Layers 面板中，选择"WHAT'S NEW WITH GAMES?"图层，然后从 Layers 面板中选择 Duplicate Layer。将新图层命名为"WHAT'S NEW WITH

GAMES?", 然后单击 OK。

图7.14

10 使用 Type 工具选择"GAMES",并将其替换为"MUSIC",再单击选项栏中的 Commit Any Current Edits 按钮。

11 选择 Edit > Free Transform Path,将路径左端旋转大约 30°,再将该路径移到第一条路径的右上方。然后,单击选项栏中 Commit Transform 按钮,效果如图 7.15 所示。

图7.15

12 重复 9~11 步,将单词"GAMES"替换为"PHONES"。将路径左端旋转大约 -30° 并将该路径移到第一条路径的下方,效果如图 7.16 所示。

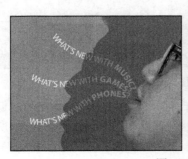

图7.16

13 选择 File > Save，保存你的工作。

7.5 点文字变形

位于路径上的文字比直线排列的文字更有趣，但下面将变形文字，让其更有意思。变形让用户能够扭曲文字，使其变成各种形状，如圆弧或波浪。用户选择的变形样式是文字图层的一种属性——用户可以随时修改图层的变形样式，以修改文字的整体形状。变形选项让用户能够准确地控制变形效果的方向和透视。

1 通过滚动或使用 Hand 工具（🖐）移动图像窗口的可见区域，让模特左边的文字位于图像窗口中央。

2 在 Layers 面板中，在图层 "WHAT'S NEW WITH GAMES?" 上单击鼠标右键（Windows）或按住 Control 键并单击（Mac OS），然后从上下文菜单中选择 Warp Text，如图 7.17 所示。

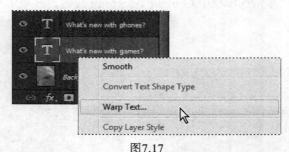

图7.17

3 在 Warp 对话框中，从 Style 菜单中选择 Wave，然后选择 Horizontal 选项。将 Bend 设置为 43%，Horizontal Distortion 设置为 -23%，Vertical Distortion 设置为 +5%，然后单击 OK 按钮，如图 7.18 所示。

 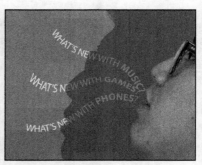

图7.18

单词 "WHAT'S NEW WITH GAMES??" 在封面上看起来是浮动的，就像波浪。

4 重复步骤 2~3，对在路径上添加的其他两段文字进行变形，如图 7.19 所示。

5 保存文件。

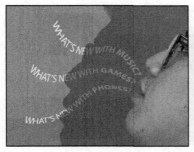

图7.19

7.6 设计段落文字

到目前为止，你在封面上添加的文本都只有几个单词或字符，它们是点文字。然而，很多设计方案要求包含整段文字。在 Photoshop 中，可以设计整段文字，还可应用段落样式。你无须切换到专用的排版程序来对段落文字进行复杂的控制。

7.6.1 使用参考线来帮助放置段落

接下来将在封面上添加段落文字。首先在工作区中添加一些参考线以帮助放置段落。

1 从左边的垂直标尺上拖出一条参考线，将其放在距离封面右边缘大约 0.25 英寸处。

2 从顶端的水平标尺上拖出一条参考线，距离封面顶部大约 2 英寸处，如图 7.20 所示。

图7.20

7.6.2 添加来自注释中的段落文字

现在可以添加段落文字了。在实际的设计中，文字可能是以字处理文档或电子邮件正文的方式提供的，设计师可将其复制并粘贴到 Photoshop 中；也可能需要设计师自己输入。对著作权人来说，另一种添加少量文字的简易方式是，使用注释将其附加到图像文件中，这里就是这样做的。

1 选择 Move 工具，双击图像窗口右下角的黄色注释，打开 Notes 面板。如果必要，展开 Notes 面板以便能够看到所有文本，如图 7.21 所示。

2 选择 Notes 面板中的所有文本，再按下 Ctrl+C（Windows）或 Command+C（Mac OS）将其复制到剪贴板，然后关闭 Notes 面板。

3 选择 Model 图层，然后，选择 Horizontal Type 工具（T）。

4 按下 Shift 键，同时点击参考线交界处，大约距离封面顶部 2 英寸，距离右边缘 0.25 英寸的位置。继续按住 Shift 键，开始向左下方拖曳出文本框。然后放开 Shift 键，并继续拖动，直到文本框大约 4 英寸宽、8 英寸高，其顶部与右边缘和刚刚添加的参考线对齐。

5 按下 Ctrl+V（Windows）或 Command+V（Mac OS）粘贴文本。新的文本图层是在 Layers 面板的顶部，所以文字出现在模特前面。

图7.21

粘贴的文本字体大小为 16 点，右对齐，因为这是你最近使用过的文本设置。

> **提示**：开始拖动文本框时按住 Shift 键，确保 Photoshop 创建了一个新的文本图层，而不是选择了现有文字图层。

> **注意**：如果文字不可见，请确保在 Layers 面板中，新图层位于 Model 图层之上。

6 选择前 3 行（The Trend Issue），然后在 Character 面板中应用如下设置。

- Font Family：Myriad Pro（或其他无衬线字体）。
- Font Style：Regular。
- Font Size(）：70 pt。
- Leading(）：55 pt。
- Tracking（ ）：50。
- Color：白色。

图7.22

7 选择单词"Trend"，然后将 Font Style 改为 Bold。

8 点击选项栏中的 Commit Any Current Edits 按钮（ ✔ ）。

9 选择 Select > Deselect Layers，确保没有选中任何图层，最终效果如图 7.22 所示。

标题已设置完毕。

7.7 使用字体样式

你将创建段落样式和字符样式来设置附加文本的格式。段落样式是一个文字属性的集合，你只需点击就可以将其应用到整个段落。字符样式是所有可以应用到单个字符的属性集合。Photoshop 中的字体样式类似与排版应用程序（如 Adobe InDesign 和一些流行的文字处理应用程序）中的样式，不过你可能会注意到它们工作方式的一些差异。在默认情况下，在 Photoshop 中创建的所有文字应用的都是 Basic Paragraph 样式。

7.7.1 创建段落样式

下面要为剩下的粘贴文本创建段落样式。

1 单击 Paragraph Styles 面板中的 Create New Paragraph Style 按钮 ( )。

2 双击 Paragraph Style 1 改变其属性。

3 在 Paragraph Style Options 对话框中，指定如下设置，如图 7.23 所示。

- Style Name：Cover Teasers。
- Font Family：Myriad Pro。
- Font Style：Regular。
- Font Size：28 pt。
- Leading（ 吝 ）：28 pt。
- Color：白色。

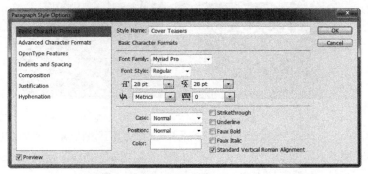

图7.23

> **提示**：你可以在多个文件中使用相同的段落和字符样式。要保存当前的样式作为所有新文件的默认设置，选择 Type > Save Default Type Styles。如果想在现有文档中应用默认样式，选择 Type > Load Default Type Styles。

4 从 Paragraph Style Options 对话框的左侧列表中选择 Indents And Spacing。

5 从 Alignment 菜单中选择 Right，然后单击 OK。

现在已经创建了一个样式，可以应用该样式快速设置封面标题格式。要为副标题创建另一种样式，这种样式要较小一些。

6 在 Paragraph Styles 面板的底部再次单击 Create New Paragraph Style 按钮。

7 双击 Paragraph Style 1，然后指定下列设置。

- Style Name：Teaser Subheads。
- Font Family：Myriad Pro。
- Font Style：Regular。
- Font Size：28 pt。
- Leading：28 pt。
- Color：白色。

8 从 Paragraph Style Options 对话框的左侧列表中选择 Indents And Spacing。

9 从 Alignment 菜单中选择 Right，然后单击 OK。

7.7.2　应用段落样式

应用段落样式比较容易。选择文本时，只需点击一下样式名称。如果文本原来使用的是 Basic Paragraph 样式，Photoshop 将保留这些覆盖（override），仅应用样式中不与这些覆盖相冲突的属性。在这种情况下，通过清除覆盖可应用样式的所有属性。

1　选择文本"What's Hot!"，然后在 Paragraph Styles 面板中选择 Cover Teasers，如图 7.24 所示。

 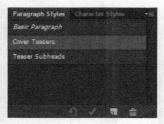

图7.24

Photoshop 将 Cover Teasers 的部分（而非全部）属性应用于该段落，因为在应用样式时，已经有一些起作用的样式覆盖。

2　在 Paragraph Style 面板底部点击 Clear Override 按钮（ ）。

3　选择下方的文字"What's Hot,"，然后在 Paragraph Styles 面板中选择 Teaser Subheads，再次点击 Clear Override 按钮。

4　重复步骤 1~3，修改选区"What's Not"和"Coming this Year"。

接下来对部分文字进行修改，这次不涉及样式。

5　选择"Coming this Year"及其后面的所有文字，然后在 Character 面板中将文字颜色改为黑色。

6　最后，单击 Commit Any Current Edit 按钮，让样式的变化生效，效果如图 7.25 所示。

图7.25

7.7.3　编辑段落样式

借助于段落样式可以很容易地将属性应用到文本上，还能快速改变跨越多个段落的属性。

由于是编辑段落样式，而不是编辑单独的段落，因此这确保了一致性。下面将编辑 Cover Teasers 样式，加粗标题。

1　选择 Select > Deselect Layers，确保 Layers 面板中没有什么被选中。

2　双击 Paragraph Styles 面板中的 Cover Teasers 样式。

3　从 Font Style 菜单中选择 Bold。

4　单击 OK。

Photoshop 对文档中所有应用了 Cover Teasers 样式的地方做出改变。

7.7.4 创建字符样式

你可以使用段落样式将属性应用于整个段落文本。字符样式可以让你将字符级的属性（如字体大小、字体样式或颜色）应用于每个字符，覆盖段落样式或其他格式。

下面，将创建一个字符样式，突出封面上的一些文字。

1 确保在 Layers 面板中没有选中任何图层（如果需要，请选择 Select > Deselect Layers）。

2 点击 Character Styles 标签将该面板置于前面。

3 单击 Create New Character Style 按钮。

4 双击 Character Style1 来编辑它。

> **Ps** **提示**：使用 Adobe Illustrator Glyphs 面板预览 OpenType 选项：在 Photoshop 中复制文本，粘贴到 Illustrator 文件中。然后选择 Window > Style > Glyphs。选择想要改变的文本，并选择 Show > Alternates For Current Selection。双击一种字形并应用它，完成后，将新字形复制并粘贴到 Photoshop 文件。

5 在 Character Style Options 对话框中，指定以下设置，然后单击 OK，如图 7.26 所示。

- Style Name：Emphasis。
- Font Family：Myriad Pro。
- Font Style：Bold Italic。

图7.26

6 使用 Horizontal Type 工具，选择 "What's Hot!" 选区中的 "MUST-HAVE"。

7 点击 Character Styles 面板中新的 Emphasis 类型，如图 7.27 所示。

8 重复步骤 6~7，将 Emphasis 样式应用于 "HARD DRIVES" 和 "NEXT GEN"。

9 单击选项栏中的 Commit Any Current Edits 按钮。

每次在每种情况下应用相同的字符样式时，Photoshop 将应用 Bold Italic 字体样式。请注意，字符样式并不会影响任何其他属性。样式是白色的，仍然保持白色，样式是黑色的，仍然是黑色。

图7.27

Photoshop中的OpenType

OpenType是Adobe和Microsoft联合开发的一种跨平台字体文件格式，这种格式可将同一种字体用于Mac OS和Windows计算机，这样在不同平台之间传输文件时，无需替换字体或重排文本。OpenType支持各种扩展字符集和排版设计功能，如传统的PostScript和TrueType字体不支持的花饰字和自由连字。这反过来提供了更丰富的语言支持和高级文字控制。下面是一些有关OpenType的要点。

- OpenType 菜单：Character 面板菜单中包含一个 OpenType 子菜单，其中显示了对当前 OpenType 字体来说可用的所有特性，包括连字、替代和分数。呈灰色显示的特性对当前字体而言不可用；选中的特性被应用于当前字体。

- 自由连字：要将自由连字用于两个 OpenType 字符，如 Bickham Script Standard 字体的 "th"，可在图像窗口中选中它们，然后从 Character 面板菜中选择 OpenType > Discretionary Ligatures。

- 花饰字：添加花饰字或替代字符的方法相同，选中字母（如 Bickham Script 字体的大写字母 T），然后选择 OpenType > Swash，将常规大写字母 T 改成及其华丽的花饰字 T。

- 真正的分数：要创建真正的分数，先输入分数，如1/2，然后选中这些字符，再从 Character 面板菜单中选择 OpenType > Fractions，Photoshop 将把它变成真正的分数。

7.8 添加圆角矩形

你几乎已经处理完了杂志封面的文字。剩下的就是在右上角添加卷号。首先，你要创建一个圆角矩形作为卷号的背景。

1 在工具箱中，选择隐藏在 Rectangle 工具（▭）下方的 Rounded Rectangle 工具（▢）。

2 在封面右上角字母 L 的上面画一个矩形，将其右边缘和参考线重合。

3 在 Properties 面板中，宽度键输入 67 px，然后确保笔划宽度为 3 pt。

4 在 Properties 面板中单击填充颜色色板，选择第三排的 Pastel Yellow Orange 色板。

在默认情况下，矩形的四个角具有相同的半径。在 Photoshop CC 中，可以单独调整每个角的半径。如果后期需要，你甚至可以回来编辑每个角。下面要改变矩形，使得只有左下角是圆的。

5 在 Properties 面板中取消圆角半径值的链接。然后，将左下角变为 16 px，并将所有其他值设置为 0 px。

6 用 Move 工具拖动图像顶部的矩形，使其像彩带一样垂下来。

7 在选项栏中，选择 Show Transform Controls，向下拖曳矩形的底部，从而使其接近字母 L。我们希望矩形可以将文本包含在内。然后点击 Commit Transform 按钮，最终效果如图 7.28 所示。

图7.28

7.9 添加垂直文本

下面，要在彩带顶部添加卷号。

1　选择 Select > Deselect Layers，再选择隐藏在 Horizontal Type 工具后面的 Vertical Type 工具（↓T）。

2　按住 Shift 键，点击刚刚创建的矩形内部。

点击时按下 Shift 键，确保新建了文本框而不是选择标题。

3　输入 VOL 9，如图 7.29 所示。

字母太大，你需要改变其大小以便进行查看。

图7.29

4　选择 Select > Select All，然后在 Character 面板中做出如下设置，如图 7.30 所示。

- Font Family：一种衬线字体，例如 Myriad Pro。
- Font Style：亮或窄的样式，例如 Light Condensed。
- Font Size：15 pt。
- Tracking：10。
- Color：白色。

图7.30

5　单击选项栏中的 Commit Any Current Edits 按钮。

你的垂直文本将出现在 VOL 9 图层中。如果必要，使用 Move 工具（▸⊹）将其移动到彩带中间。

现在，需要做一些清理工作。

6　点击注释将其选中，然后单击鼠标右键（Windows）或按住 Control 键并单击（Mac OS），再从上下文菜单中选择 Delete Note；单击 OK，确认要删除注释，如图 7.31 所示。

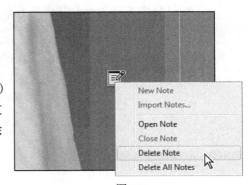

图7.31

7 选择 Hand 工具 (✋)，然后按 Ctrl+ ;（Windows）或 Command+ ;（Mac OS）隐藏参考线。然后，缩小视图以方便查看作品。

8 选择 File > Save，保存你的工作。

祝贺你！你在这个数字杂志封面上添加了文字并对其应用了样式。现在，杂志封面制作好了，请将其拼合，以准备印刷。

9 选择 File > Save As，并将文件重命名为 07Working_flattened，然后点击 Save。如果看到 Photoshop Format Options 对话框，单击 OK。

通过保留包含图层的版本，以后可回过头来对文件 07Working.psd 做进一步编辑。

10 选择 Layer > Flatten Image。

11 选择 File > Save，然后关闭图像窗口，效果如图 7.32 所示。

图7.32

保存为Photoshop PDF

你添加的样式包括基于矢量的轮廓，当你放大或调整大小时，可以保留锯齿并使其清晰。不过，如果将文件保存为JPEG或TIFF图像，Photoshop将栅格化样式，你也就失去了这种灵活性。保存Photoshop PDF文件时，矢量样式包含其中。

你也可以在Photoshop PDF文件中保留其他Photoshop编辑功能。例如，可以保留图层、颜色信息，甚至注释。

为了确保以后可以编辑文件，在Save Adobe PDF对话框中选择Preserve Photoshop Editing Capabilities。

要保留文件中的任何注释，并在保存为PDF格式时，将其转换为Acrobat注释，请在Save As对话框的Save区域选择Notes。

可以在Acrobat或Photoshop中打开一个Photoshop PDF文件，将其放置在另一个应用程序中，或将其打印出来。有关保存为Photoshop PDF的更多信息，请参阅 Photoshop Help。

复习

复习题

1 Photoshop 如何处理文字?

2 在 Photoshop 中,文字图层与其他图层之间有何异同?

3 什么是剪贴蒙版? 如何从文字创建剪贴蒙版?

4 什么是段落样式?

复习题答案

1 在 Photoshop 中,文字由以数学方式定义的形状组成,这些形状描述了某种字体中的字母、数字和符号。在 Photoshop 中将文字加入到图像中时,字符由像素组成,其分辨率与图像文件相同。然而,Photoshop 保留基于矢量的文字的轮廓,并在用户缩放文字、保存 PDF 或 EPS 文件或者通过 PostScript 打印机打印图像时使用它们。

2 添加到图像中的文字作为文字图层出现在 Layers 面板中,可以像对其他图层那样对其进行编辑和管理。也可以添加和编辑文本、更改文字的朝向以及应用消除锯齿,还可以移动和复制图像文字图层、调整其排列顺序以及编辑图层选项。

3 剪贴蒙版是一个或一组对象,它们遮住了其他元素,只有位于它们里面的区域才是可见的。要将任何文字图层中的字母转换为剪贴蒙版,可选择该文字图层以及要透过字母显示出来的图层,然后从 Layers 面板菜单中选择 Create Clipping Mask。

4 段落样式是一系列文字属性,你可以迅速将其应用于整个段落。

第8课 矢量绘制技巧

在本课中，你将学习以下内容：

- 区分位图和矢量图形；
- 使用钢笔工具绘制笔直和弯曲的路径；
- 将路径转换为选区以及将选区转换为路径；
- 保存路径；
- 绘制和编辑图层形状；
- 绘制自定形状；
- 从 Adobe Illustrator 导入智能对象并对其进行编辑。

 学习本课需要大约需要 90 分钟时间。如果还没有将 Lesson08 文件夹复制到本地硬盘中，请现在就这样做。在学习过程中，请保留初始文件；如果需要恢复初始文件，只需要从配套光盘中再次复制它们即可。

矢量图像不同于位图，无论如何放大，其边缘都是清晰的。在 Photoshop 图像中，可绘制矢量形状和路径，还可添加矢量蒙版以控制哪些内容在图像中可见。

8.1 位图图像和矢量图像

在使用矢量形状和矢量路径之前，必须要了解两种主要的计算机图形——位图图像和矢量图形之间的基本区别。可以使用 Photoshop 处理这两种图形。事实上，在一个 Photoshop 图像文件中可以包含位图和矢量数据。

从技术上说，位图图像被称为光栅图像，它是基于像素网格的。每个像素都有特定的位置和颜色值。处理位图图像时，编辑的是像素组而不是对象或形状。位图图形可以表示颜色和颜色深浅的细微变化，因此适合用于表示连续调图像，如照片或在绘画程序中创建的作品。位图图形的缺点是，其包含的像素数是固定的，因此在屏幕上放大或以低于创建时的分辨率打印时，可能丢失细节或出现锯齿。

矢量图形由直线和曲线组成，而直线和曲线是由被称为矢量的数学对象定义的。无论被移动、调整大小还是修改颜色，矢量图形都将保持其犀利性。矢量图形适用于插图、文字以及诸如徽标等可能被缩放到不同尺寸的图形。图 8.1 说明了矢量图形和位图之间的差别。

矢量Logo

光栅化为位图后的Logo

图8.1

8.2 路径和钢笔工具

在 Photoshop 中，矢量形状的轮廓被称为路径。路径是使用 Pen 工具、Freeform Pen 工具或形状工具绘制的曲线或直线，如图 8.2 所示。在这些工具中，使用 Pen 工具绘制路径的准确度最高，使用形状工具可以绘制出矩形、椭圆形和其他形状的路径，使用 Freeform Pen 工具绘制路径时，就像使用铅笔在纸张上绘画一样。

图8.2

路径可以是闭合或非闭合的。非闭合路径(如波形线)有两个端点;闭合路径(如圆)是连续的。
路径类型决定了如何选择和调整它。

　　打印图稿时，没有填充或描边的路径不会被打印。这是因为不同于使用铅笔工具和其他绘画
工具绘制的位图形状，路径是不包含像素的矢量对象。

8.3 概述

首先来查看要创建的图像：一家虚构的玩具公司的招贴画。

1　启动 Photoshop 并立刻按下 Ctrl+Alt+Shift 键（Windows）或 Command+Option+Shift（Mac
　 OS）以恢复默认首选项。

2　出现提示对话框时，单击 OK，确认要删除 Photoshop 设置文件。

3　选择 File > Browse In Mini Bridge，打开 Mini Bridge 面板。如果 Bridge 没有在后台运行，
　 点击 Launch Bridge。

4　在 Mini Bridge 面板中，从左侧弹出菜单中选择 Favorites。双击 Lessons 文件夹，再双击
　 Lessons08 文件夹。

5　选择 08End.psd 文件，按空格键在全屏模式下查看它。

为创建该招贴画，你要处理一幅宇宙飞船玩具图像，并练习使用 Pen 工具创建路径和选区。
在创建背景形状和文字的过程中，还将更详细地学习形状图层和矢量蒙版以及智能对象的用法。

6　查看完文件 08End.psd 后，再次按空格键。然后，双击 08Start.psd 文件，在 Photoshop 中
　 打开它。两个文件如图 8.3 所示。

图8.3

7　选择 File > Save As，将文件重命名为 08Working.psd，单击 OK 按钮。在 Photoshop Format
　 Options 对话框中，单击 OK。

注意：如果没有安装 Bridge 和 Mini Bridge，系统会提示安装它们。

 注意：如果在 Photoshop 中打开 08End.psd 文件，系统可能提示更新文字图层。如果是这样，单击 Update 即可。在计算机之间（尤其是在操作系统之间）共享文件时，可能需要更新文字图层。

8.4 在图稿中使用路径

下面要使用 Pen 工具选择宇宙飞船。宇宙飞船的边缘光滑而弯曲，使用其他方法难以选取。

你要绘制一条环绕宇宙飞船的路径，并在其内部创建另一条路径。将路径转换为选区，然后从一个选区中剔除另一个，以便只选中宇宙飞船，而不选择背景。最后，要使用宇宙飞船图像新建一个图层，并修改它后面的图像。

使用 Pen 工具绘制路径时，应使用尽可能少的点来创建所需的形状。使用的点越少，曲线越平滑，文件的效率越高。图 8.4 说明了这一点。

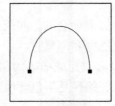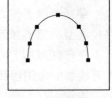

A. 正确的点数   B. 点太多

图8.4

使用Pen工具创建路径

可以使用Pen工具来创建由直线或曲线组成的闭合或非闭合路径。如果你不熟悉Pen工具，刚开始使用时可能感到迷惑。了解路径的组成元素以及如何使用Pen工具来创建路径后，绘制路径将容易得多。

要创建由线段组成的路径，可单击鼠标。首次单击时，将设置路径的起点。随后每次单击时，都将在前一个点和当前点之间绘制一条线段。要使用Pen工具绘制由线段组成的复杂路径，只需不断添加点即可，如图8.5所示。

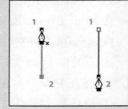

创建直线

图8.5

要创建由曲线组成的路径，单击鼠标以放置一个锚点，再拖曳鼠标为该锚点创建一条方向线，然后通过单击放置下一个锚点。每条方向线有两个方向点，方向线和方向点的位置决定了曲线段的长度和形状。通过移动方向线和方向点可以调整路径中曲线的形状，如图8.6所示。

光滑曲线由被称为平滑点的锚点连接；急转弯的曲线路径由角点连接。移动平滑点上的方向直线时，该点两边的曲线段将同时调整，但移动角点上的方向线时，只有与方向线位于同一边的曲线段被调整。

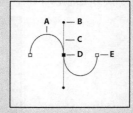

A. 曲线段 B. 方向点 C. 方向线 D. 选定的锚点 E. 未选定的锚点

图8.6

绘制路径和锚点后，可以单独或成组地移动它们。路径包含多个路径段时，可以通过拖曳锚点来调整相应的路径段，也可以选中路径中所有的锚点以编辑整条路径。可以使用Direct Selection工具来选择并调整锚点、路径段或整条路径。

创建闭合路径和非闭合路径之间的差别在于结束路径的绘制。要结束非闭合路径的绘制，单击工具箱中的Pen工具；要创建闭合路径，将鼠标指向路径起点并单击。路径闭合后，将自动结束路径的绘制，同时鼠标图标将包含一个x，这表明下次单击将开始绘制新路径，如图8.7所示。

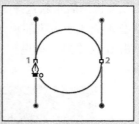

图8.7　创建闭合路径

绘制路径时，Paths面板中将出现一个名为Work Path的临时储存区。应保存工作路径，如果在同一幅图像中使用了多条不同路径，则必须这样做。如果你在Paths面板中取消对现有Work Path的选择，并在此开始绘制，新的工作路径将取代原来的工作路径，因此原来的工作路径将丢失。要保存工作路径，应在Paths面板中双击它，然后在Save Path对话框中输入名称，并单击OK将其重命名并保存。在Paths面板中，该路径将被选中。

8.4.1　使用 Pen 工具绘制

下面要使用 Pen 工具将 A 到 S 的点连接起来，然后连回到 A 点。你将设置一些线段、平滑点和角点。

首先配置 Pen 工具选项和工作区，然后使用模板描绘宇宙飞船的轮廓。

1 双击 Mini Bridge 标签，关闭面板，释放出更多工作区域。

2 在工具箱中选择 Pen 工具（✒）。

3 在选项栏中选择或核实如下设置，如图 8.8 所示。

- 从 Tool Mode 弹出菜单中选择 Path。
- 在 Pen Options 菜单中，确保没有选中 Rubber Band。
- 确保选中了 Auto Add/Delete 复选框。

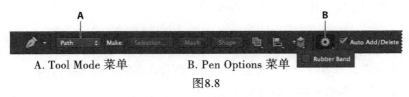

A. Tool Mode 菜单　　　　B. Pen Options 菜单

图8.8

4 单击 Path 标签将该面板放到 Layers 面板组的最前面，如图 8.9 所示。

Paths 面板显示了你绘制的路径的缩略图。当前，该面板是空的，因为还没有开始绘制。

图8.9

5　在必要的情况下，放大视图以便能够看到形状模板上用字母标记的点和红点。确保能够在图像窗口中看到整个模板，并在放大视图后重新选择 Pen 工具。

6　单击 A 点（宇宙飞船顶部的蓝点）并松开鼠标，这样就设置了第一个锚点。

7　单击 B 点并向下拖曳到用 b 标记的红点，再松开鼠标。这设置了曲线的方向，如图 8.10 所示。

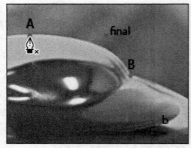
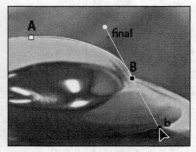

在A处创建第一个锚点　　　　　　在B处设置一个平滑点

图8.10

在驾驶舱的角上（B 点），需要将平滑点转换为角点，以便在曲线和线段之间急转弯。

8　按住 Alt（Windows）或 Option（Mac OS）并单击 B 点，将该平滑点转换为角点并删除一条方向线。

9　单击 C 点并拖曳到用 c 标记的红点。对点 D 和 E 重复这种操作，如图 8.11 所示。

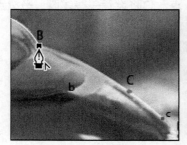
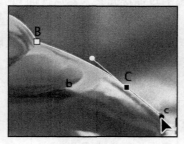
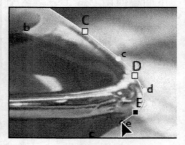

将平滑点转换为角点　　　　　　添加一段路径　　　　　　绕圆角潜行

图8.11

绘制过程中如果出了错，应选择 Edit > Undo 撤销该操作，然后继续绘制。

8.4.2　完成轮廓

你已经使用了所需的基本技巧来绘制整个轮廓。现在，继续围绕飞船绘制，直到到达起点。

1　点击 F 点，无需拖动手柄，然后松开鼠标。

2　点击 G 点，从 G 点拖曳到它的红点。

3 点击 H 点，将其拖曳到相应的红点。然后按住 Alt 或 Option 键在 H 点创建另一个角点。

4 点击 I 点，并在黄色区域中将其拖曳至相应的红点。然后，按住 Alt 或 Option 键在 I 点创建一个角点。

5 点击 J 点，将其拖曳到相应的红点。然后在 J 点创建一个角点。

6 点击 K 点，将其拖曳到相应的红点，点击 L 点，将其拖曳到相应的红点。然后，在 L 点创建一个角点。

7 点击 M 点，将其拖曳到相应的红点，在点 M 处创建一个角点，然后点击 N 点，将其拖曳到相应的红点。

8 单击点 O 和 P，保持直线不变。点击 Q 点，拖动手柄到达对应的红点，从而在尾部周围创建曲线。

9 单击点 R 和 S，不拖曳以创建直线。

10 将鼠标指针移到 A 点，使指针图标会出现一个小圆圈，表明你即将关闭该路径（小圆圈可能不容易看到）。拖动 A 点到达标记为 final 的红点，然后松开鼠标左键，绘制最后的曲线，如图 8.12 所示。

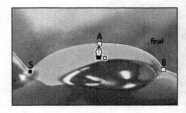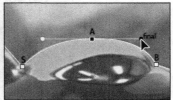

图8.12

11 在 Paths 面板中，双击 Work Path，在 Save Path 对话框中输入 Spaceship，并单击 OK 保存，如图 8.13 所示。

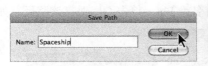

图8.13

12 选择 File > Save，保存你的工作。

8.4.3 将选区转换为路径

下面要使用另一种方法创建第二条路径。首先，使用选取工具选择一个颜色类似的区域，然后将选区转换为路径。可以将使用选取工具创建的任何选区转换为路径。

1 单击 Layers 标签以显示该面板，然后将 Template 图层拖曳到面板底部的 Delete 按钮上，因为不再需要该图层了，如图 8.14 所示。

2 在工具箱中选择隐藏在 Quick Selection 工具后面的 Magic Wand 工具（ ）。

3 在选项栏中确保 Tolerance 的值为 32，如图 8.15 所示。

4 小心单击宇宙飞船垂直机翼内的绿色区域，如图 8.16 所示。

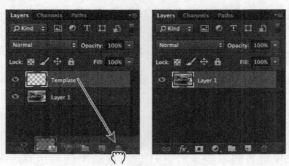

图8.14

图8.15

图8.16

5 单击 Paths 标签将该面板放到最前面，再单击面板底部的 Make Work Path From Selection 按钮（◇）。

选区被转换为路径并创建了一条新的工作路径。

6 双击名为 Work Path 的路径，将其命名为 Fin，单击 OK 保存该路径，如图 8.17 所示。

图8.17

7 选择 File > Save，保存你的工作。

8.4.4 将路径转换为选区

就像可以将选区边界转换为路径一样，也可以将路径转换为选区。路径有平滑轮廓，让用户能够创建精确选区。绘制环绕宇奋飞船和机翼的路径后，可将这些路径转换为选区，再将滤镜应用于该选区。

1. 在 Paths 面板中，单击 Spaceship 路径使其处于活动状态。
2. 从 Path 面板菜单中选择 Make Selection，再单击 OK 按钮将 Spaceship 路径转换为选区，如图 8.18 所示。

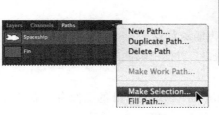

图8.18

> **Ps** 提示：也可单击 Paths 面板底部的 Load Path As Selection 按钮将当前的活动路径转换为选区。

接下来将 Fin 选区从 Spaceship 选区中剔除，以便能够通过机翼内部的空白区域看到背景。

3. 在 Paths 面板中，单击 Fin 路径使其处于活动状态，再从 Paths 面板菜单中选择 Make Selection。
4. 在 Make Selection 对话框的 Operation 区域，选择 Subtract from Selection，再单击 OK，如图 8.19 所示。

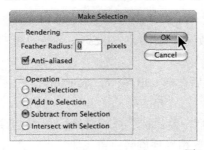

图8.19

Fin 路径被转换为选区，并从 Spaceship 选区中剔除该选区。

不要取消该选区，因为在下一个练习中要用到。

8.4.5　将选区转换为图层

接下来，你将看到使用 Pen 工具创建选区如何有助于实现有趣的效果。由于已将宇宙飞船隔离，因此可在一个新图层中创建其副本，然后将其复制到另一个图像（具体地说是用作玩具店招贴画背景的图像）中。

1. 确保在图像窗口中仍能看到选区边界，如果看不到，请重复前一节的操作。
2. 选择 Layer > New > Layer Via Copy。

3 单击 Layers 标签将该面板放到最前面。

Layers 面板中出现了一个名为 Layer 2 的新图层。从缩略图可知，该图层只包含原图层中的宇宙飞船图像，而没有背景。

4 在 Layers 面板中，将 Layer 2 重命名为 Spaceship，然后按 Enter 或 Return 键，如图 8.20 所示。

5 选择 File > Open，双击 Lessons/Lesson08 文件夹中的 08Landscape.psd 文件。

图8.20

这是一幅风景图像，你要把它用作宇宙飞船的背景。

6 选择 Window > Arrange >2 Up Vertical，以便能够同时看到两个文件，单击 08worhng.psd，使其处于活动状态。

7 选择 Move 工具（▸✛），将宇宙飞船从 08Working.psd 的图像窗口拖曳到 08Landscape.psd 的图像窗口，使宇宙飞船出现在风景上方，如图 8.21 所示。

图8.21

8 关闭 08worhng.psd 图像但不保存所做的修改，让文件 08Landscape.psd 处于打开和活动状态。

下面在招贴画背景中更准确地放置宇宙飞船。

9 在 Layers 面板中选择 Spaceship 图层，然后选择 Edit > Free Transform。

宇宙飞船周围将出现一个定界框。

10 将鼠标指向定界框的任意一个角上的手柄，等鼠标变成旋转图标（↻）后拖曳以旋转船，直到宇宙飞船的倾斜角度为 -12° 左右。要精确地旋转宇宙飞船，可在选项栏的 Rotate 文本框中输入数值。满意之后，按下 Enter 或 Return 键。

11 确保仍选择了 Spaceship 图层，再使用 Move 工具拖曳宇宙飞船使其看起来像是从大地上腾空而起，如图 8.22 所示。

图8.22

12 选择 File > Save As，将文件重命名为 08B_Working.psd，并单击 Save 按钮。在出现的 Popshop Format Options 对话框中，单击 OK 按钮。

8.5 为背景创建矢量对象

很多招贴画都被设计成可缩放的，同时保留其犀利的外观。这是矢量形状的用武之地。接下来，你将使用路径来创建矢量形状，并使用蒙版来控制哪些内容将出现在招贴画中。由于这些形状是矢量，因此以后修订时可以缩放它们，而不会丢失细节或降低质量。

8.5.1 绘制可缩放的形状

首先为招贴画背景创建一个白色的肾状对象。

1 选择 View > Rulers，以显示水平和垂直标尺。

2 拖曳 Paths 面板的标签，将该面板拖出 Layers 面板组，使其独立地浮动，如图 8.23 所示。由于在本节中，你将频繁地使用 Layers 面板和 Paths 面板，因此将它们分开将更方便。

图8.23

3 在 Layers 面板中，通过单击眼睛图标隐藏除 Retro Shape Guide 和 Background 图层之外的所有图层。然后选择 Background 图层，使其处于活动状态，如图 8.24 所示。

图8.24

Retro Shape Guide 将作为模板，用来绘制肾形。

4 单击工具箱中的 Pen 工具（✐）。

5 在选项栏中，从弹出菜单中选择 Shape，然后单击 Fill color，为填充颜色选择白色，如图 8.25 所示。

6 按下述方式通过单击和拖曳创建一个形状，如图 8.26 所示。

图8.25

- 单击点 A 并拖曳出一条到点 B 的方向线，再松开鼠标。
- 单击点 C 并拖曳出一条到点 D 的方向线，再松开鼠标。
- 继续按上述方式绘制环绕该形状的曲线，直到到达点 A，然后
  在点 A 上单击以闭合路径。如果形状反转，请不要担心，继续绘制时形状就会变得正确。

图8.26

> **Ps** **注意**：如果有困难，请再次打开宇宙飞船图像，练习绘制环绕宇宙飞船的路径，直到能够得心应手地绘制弯曲的路径段。另外，请务必阅读本课前面的"使用 Pen 工具创建路径"。

要注意，绘制路径时，Photoshop 将自动在 Layers 面板中创建一个名为 Shape 1 的新图层，位于活动图层（Background 图层）的上方。

7 双击 Shape 1 图层，将其重命名为 Retro Shape 并按 Enter 或 Return 键，如图 8.27 所示。

图8.27

8 在 Layers 面板中，隐藏 Retro Shape Guide 图层。

8.5.2 取消选择路径

选择矢量工具后，为了看到选项栏中合适的选项，可能需要取消选择路径。另外，取消选择路径也有助于查看选择了路径时被遮住的效果。

注意到白色肾形形状和背景之间的边界呈木纹状。你看到的实际上是路径本身，它是不可打印的。这表明图层 Retro Shape 仍被选中。执行后面的处理前，确保取消选择所有路径。

1　在 Paths 面板中，单击路径下方的空区域，取消选择路径，如图 8.28 所示。

2　选择 File > Save，保存你的工作。

图8.28

8.5.3 改变形状图层的填充色

为了方便查看，你用白色填充色创造了形状，但将根据这张招贴画的需求将填充色改为蓝色。

1　确保在 Layers 面板中选择了 Retro Shape 图层。

2　如果工具箱中的 Pen 工具尚未选定，将其选定。

3　在选项栏中，单击 Fill color，选择 Light Cyan Blue 颜色，如图 8.29 所示。

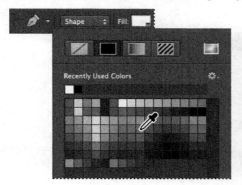

图8.29

形状的填充颜色改变为你选中的蓝色。

8.5.4 从形状图层中剔除形状

创建形状图层（矢量图形）后，可通过设置选项从矢量图形中剔除新建的形状。还可使用 Path Selection 工具和 Direction Selection 工具移动形状、编辑形状以及调整其大小。下面从肾形形状中剔除一个星形形状，让太空背景显示出来。为了帮助放置星形形状，可以参考创建好的 Star Guide 图层，当前该图层被隐藏。

1　在 Layers 面板中，显示 Star Guide 图层，但仍确保仍选择了 Retro Shape 图层。现在可在图像窗口中看到 Star Guide 图层了，如图 8.30 所示。

图8.30

2　在 Paths 面板中，选择 Retro Shape 形状路径。

3　在工具箱中，选择隐藏在 Rectangle 工具（■）后面的 Polygon 工具（●）。

4　在选项栏中做如下设置。

- 　为 Sides 输入 11。

- 　从 Path Operation 弹出菜单中，选择 Subtract From Shape，鼠标将变成带小减号的十字（＋）。

- 　单击 Sides 选项左边的 Setting 图标，显示 Polygon Options 窗口。选中 Star 复选框，并在 Indent Sides By 文本框中输入 50%，如图 8.31 所示。然后，点击选项栏中的空白区域，关闭窗口。

图8.31

5　将鼠标指向图像窗口中橙色圆圈中央的橙色点，再单击并向外拖曳，直到星形射线的顶点接触到圆周，如图 8.32 所示。

图8.32

Ps　**注意**：拖曳鼠标时，可通过向左右拖曳来旋转星形。

松开鼠标后，星形变成镂空的，让天空显示出来。

要注意星形的边缘呈颗粒状，这表明该形状被选中。该形状被选中的另一个标志是 Paths 面板中的 Retro Shape 形状路径被选中。

6　在 Layers 面板中，隐藏 Star Guide 图层，如图 8.33 所示。

要注意，Layers 面板和 Paths 面板中的缩略图表明肾形形状被镂空了一个星形形状。

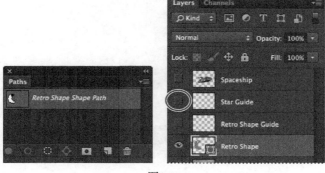

图8.33

7　点击 Paths 面板中路径之下的区域，取消选择路径。

取消选择路径后，颗粒状路径线不见了，留下的是蓝色和白色区域之间犀利的边缘。另外，在 Paths 面板中，Retro Shape 形状路径不再呈高亮显示。这个形状还是有点亮，其吸引力可能压过宇宙飞船。下面将这个形状变成半透明的。

8　在 Layers 面板中，将 Retro Shape 图层的不透明度降低到 40%，如图 8.34 所示。

图8.34

9　选择 File > Save，保存你的工作。

8.6　使用自定义形状

在作品中使用形状的另一种方法是绘制自定义(预设)形状。为此，只需选择 Custom Shape 工具，然后从 Custom Shape Picker 中选择一个形状，再在图像窗口中绘制即可。下面要在玩具店招贴画的背景中添加棋盘图案和草束。

1　在 Layers 面板中，确保选择了 Retro Shape 图层，然后单击 New Layer 按钮（ ），在该图层上面添加一个图层。将新图层重命名为 Pattern，然后按下 Enter 或 Return 键，如图 8.35 所示。

2　在工具箱中选择 Custom Shape 工具（ ），它隐藏在 Polygon 工具（ ）的后面。

3 在选项栏中，从 Tool Mode 菜单中选择 Pixels，如图 8.36 所示。

在像素绘图模式中，你直接在现有图层绘制了光栅化（非矢量）形状。

图8.35   图8.36

4 在选项栏中，单击 Shape 选项右边的箭头，打开 Custom Shape Picker。

5 双击 Custom Shape Picker 右下角的棋盘形状预设（可能需要滚动或拖曳选择器的角才能看到它），将其选中并关闭选择器，如图 8.37 所示。

图8.37

6 将前景色改为白色，再按住 Shift 键并在图像窗口中向斜下方拖曳，以绘制该形状并指定其大小，使其大约为 2 英寸见方，如图 8.38 所示。

图8.38

按住 Shift 键可确保形状的长宽比保持不变。

> **Ps** **注意**：选项栏中选项的变化取决于从 Tool Mode 菜单中选择了哪种模式。在 Shape 模式中工作时，可以选择选项栏中的填充或边；在 Pixels 模式中，没有这些选项。

7 再添加 4 个大小不同的棋盘，直到招贴画类似于图 8.39 所示。

图8.39

8 在 Layers 面板中，将 Pattern 图层的不透明度降低到 75%，如图 8.40 所示。

图8.40

9 在 Layers 面板中，显示 Spaceship 图层以便查看整幅合成图像，如图 8.41 所示。

图8.41

下面使用 Custom Shape 工具向背景中添加草束。在 Shape 模式中工作时，可对形状进行填充和描边。

10 在 Custom Shape 工具继续被选中的情况下，打开 Custom Shape Picker，双击草束（称为 Grass 2）。

11 从 Tool Mode 菜单中选择 Shape。然后，为 Fill color 选择 Dark Yellow Green，为 Stroke color 选择 Darker Green Cyan，并将描边宽度设置为 .75，如图 8.42 所示。

 提示：可以从 Custom Shape Picker 的选项菜单中选择类别，添加更多形状，如图 8.43 所示。

12 在背景左下角绘制 4 个草束，再在右下角再绘制一束，绘制时按住 Shift 键，如图 8.44 所示。绘制时按住 Shift 键可确所有形状都位于同一图层中。

图8.42　　　　　　　　图8.43

图8.44

13 在工具箱中选择 Path Selection 工具（ ），然后按住 Shift 键选择所有 5 个草束。

> **注意：** 如果草束位于不同的图层，说明你绘制时没有按住 Shift 键。在这种情况下，可删除草束，然后重复步骤 12~13。

14 从选项栏的 Path Alignment 菜单中选择 Distribute Widths，如图 8.45 所示。

图8.45

Photoshop 中将草束均匀分布在背景底部。

15 将图层重命名为 Grass，将不透明度改为 60%，拖曳图层使其刚好位于 Layers 面板的 Background 图层上方，如图 8.46 所示。

16 取消选中图层，然后选择 File > Save，保存你的工作。

图8.46

在Illustrator中使用Photoshop文件

在本课中，你导入了在Illustrator中创建的矢量图稿，将其作为招贴画的logo使用。你还可以在Illustrator中打开、放置或粘贴Photoshop文件。

尽管可以在Photoshop中创建和编辑矢量图形，但是Photoshop的主要目的还是编辑位图图像。同样，尽管你可以在Illustrator中处理位图，但它的优势在于创建和编辑矢量图稿。根据你的项目性质，你可能想同时使用这两个应用程序，并各用其所长。

Illustrator支持大多数Photoshop数据，包括图层复合层、图层、可编辑文本和路径。这意味着你可以在Photoshop和Illustrator之间进行文件传输，而不失去编辑作品的能力。在Illustrator必须转换Photoshop数据的情况下，它会出现警告信息，让你知道在这个过程中会失去什么。

8.7 导入智能对象

智能对象是用户可在 Photoshop 中以非破坏性方式编辑的图层，也就是说，对图像所做的修改仍可以编辑，且不会影响保留的实际图像像素。无论如何缩放、旋转、扭曲或变换智能对象，它都将保持其犀利、精确的边缘。

用户可以将 Adobe Illustrator 中的矢量对象作为智能对象导入。如果用户在 Illustrator 中编辑原始对象，所做的修改将反映到 Photoshop 图像文件中相应的智能对象中。下面将在 Illustrator 中创建的文本放到玩具商店招贴画中，从而更深入地学习智能对象。

8.7.1 添加名称

玩具店的名称是在 Illustrator 中创建的，下面将其加入到招贴画中。

1 在工具箱中选择 Move 工具（），然后选中 Spaceship 图层，并选择 File > Place。切换到 Lessons/Lesson08 文件夹，选择 Title.ai 文件并单击 Place。在出现的 Place PDF 对话框中单击 OK 按钮。

Retro Toyz 文本将加入到合成图像的中央，文本周围是一个包含可调整手柄的定界框。在 Layers 面板中出现了一个名为 Title 的新图层。

2 将对象 Retro Toyz 拖曳到招贴画的左上角，然后按住 Shift 键并拖曳某个角，按原来的长宽比扩大该文本对象，使其大小与招贴画的上半部分相称，如图 8.47 所示。完成后，按 Enter 或 Return 键，或单击选项栏中的 Commit Transform（✓）按钮。

提交变换后，图层缩略图将发生变化，表明 Title 图层是一个智能对象。

与其他任何形状图层和智能对象一样，如果用户愿意，可继续编辑其大小和形状。为此，只需选择其所在的图层，并选择 Edit > Free Transform，然后通过控制手柄对其进行调整。也可选择 Move 工具（），然后在选项栏中选中 Show Transform Controls 复选框，再通过拖曳手柄进行调整。

图8.47

8.7.2　给智能对象添加矢量蒙版

为了创建出一种有趣的效果，下面要把标题中每个字母 O 的中心都变成一个星形，这与前面创建的镂空相匹配。你要使用一个矢量蒙版，将矢量蒙版与 Photoshop 中的智能对象链接起来。

1　选择 Title 图层，然后选择 Layer > Vector Mask > Reveal All。

2　选择 Polygon 工具（ ），它隐藏在 Custom Shape 工具（ ）的后面。前面创建星形使用的选项应该还有效。星形的边设置为 11，缩进为 50%。

Polygon 工具保留这些设置，直到用户修改它们为止。

3　在选项栏中，从 Tool Mode 菜单中选择 Path，确保从 Path Operations 菜单中始终选择了 Subtract Front Shape。然后，选择 Title 图层中的矢量蒙版缩略图，如图 8.48 所示。

图8.48

4　在标题 Toyz 中的字母 O 的中央单击，然后向外拖曳鼠标，直到星形覆盖了 O 的中间。

5　重复第 4 步，在 Retro 中的小 O 中也添加一个星形，如图 8.49 所示。然后在 Paths 面板中取消选择 Title Vector Mask 路径。

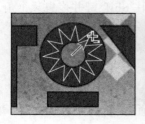

图8.49

8.7.3　旋转画布（仅支持 OpenGL）

前面处理图像时，标题 Retro Toyz 总是位于工作区顶部，而大地位于工作区底部。如果你的视频卡支持 OpenGL，可旋转工作区以便在不同透视下绘制对象、输入文字或调整对象位置。下面沿图像边缘添加版权信息时将旋转视图。如果你的视频卡不支持 OpenGL，请跳过本节。

首先输入文本。

1　选择 Window > Character，打开 Character 面板。选择一种衬线字体，如 Myriad Pro，将文本大小设置为 10 pt，并将颜色设置为白色。

2　选择 Horizontal Type 工具，然后，在图像的左下角单击。输入文本 Copyright YOUR NAME Productions（用你自己的名字替换其中的 YOUR NAME），如图 8.50 所示。

图8.50

你希望版权信息出现在图像的左边缘，下面将旋转画布以便更容易地放置它。

3　选择隐藏在 Hand 工具（✋）下面的 Rotate View 工具（✋）。

4　拖曳鼠标将画布沿顺时针旋转 90°，拖曳时按住 Shift 键。通过按住 Shift 键，将只能旋转 45° 的整数倍，如图 8.51 所示。

图8.51

Ps　**提示**：也可在选项栏的 Rotation Angle 文本框中直接输入数值。

5　选择 Copyright 文字图层，然后选择 Edit > Transform> Rotate 90° CCW。

6　使用 Move 工具移动文本，使其位于图像的上边缘，如图 8.52 所示。复位视图后，这些文本将位于图像的左边缘。

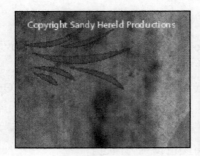

图8.52

7 再次选择 Rotate View 工具，并单击选项栏中的 Reset View 按钮。

8 选择 File > Save，保存你的工作。

8.7.4 扫尾工作

作为最后一步，下面清理 Layers 面板，删除用户的参考线模板图层。

1 在 Layers 面板中，确保只有 Copyright、Title、Spaceship、Pattern、Retro Shape、Grass 以及 Background 图层可见。

2 从 Layers 面板菜单中选择 Delete Hidden Layers，如图 8.53 所示。然后，单击 Yes 确认删除。

图8.53

3 选择 File > Save，保存你的工作。

恭喜你完成了该招贴画！最后的效果类似于图 8.54 所示。

图8.54

在InDesign中使用Photoshop文件

Adobe InDesign支持Photoshop原始文件。你可以放置PSD文件，然后轻松地返回Photoshop进行编辑，InDesign中链接的文件将自动更新。

置入图像

下面要将包含飞船和商店logo的招贴画置入到InDesign的文具模板中，然后在Photoshop中进行修改，使图像适用该用法。

1　在 Photoshop 中，选择 File > Save As，将文件作为 Final_spaceship.psd 保存。在 Photoshop Format Options 对话框中点击 OK。

2　打开 InDesign，选择 File > Open。双击 Lesson08/Extra_Credit/08_Stationery.indd 文件，打开它。

3　在 InDesign 中，在工具箱的底部选择 Normal 模式，这样可在模板中看到对象的框架。

4　使用 Select 工具，选择信笺上方的框架。

5　选择 File > Place，双击 Lesson08/Final_spaceship.psd 文件，如图 8.55 所示。

图8.55

图像出现在所选的框架中。框架适应选项已经被应用到该模板的框架中，这样一来，图像按照一定比例置入，下半部分被删除。

6　重复步骤 4~5，将相同的图像放置在明信片和名片中，如图 8.56 所示。

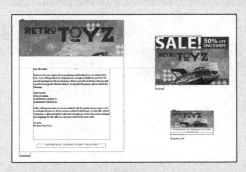

图8.56

编辑图像

　　下面要对链接的图像做出更改，以便使其更好地适合文具模板。你要调整飞船和版权文本的位置，并且消除分散注意力的背景样式。完整的图像不适合放在每个对象框架中，不过，你可以看到有关飞船和版权的更多信息。

1　在 InDesign 中，选择 Windows > Links，显示 Links 面板。

2　选择 Final_spaceship.psd(3)，然后单击 Links 面板底部的 Edit Original 按钮。

　　Final_spaceship.psd文件在Photoshop中打开，如图8.57所示。

图8.57

3　在 Photoshop 中，选择 Spaceship 图层，然后使用 Move 工具将其轻推，以接近 Retro Toy 名称的位置。

4　隐藏 Pattern 图层。

5　选择 Copyright 图层，并使用 Move 工具将其移动到右上角，然后选择 Edit > Transform > Rotate 180°。

6　在 Photoshop 中选择 File > Save，然后再返回到 InDesign。

　　链接的图像自动反映了在Photoshop中所做的更改。如果看不到变化，请在InDesign中Links面板的底部单击Update Link按钮。最终效果如图8.58所示。

图8.58

复习

复习题

1　作为选取工具，Pen 工具有什么用途？
2　位图图像和矢量图形之间有什么区别？
3　什么是形状图层？
4　可以使用哪些工具来移动路径和形状并调整它们的大小？
5　智能对象是什么？使用智能对象有什么优点？

复习题答案

1　如果需要创建复杂的选区，使用 Pen 工具来绘制路径，然后将路径转换为选区可能更容易。
2　位图（光栅）图像是基于像素网格的，适用于连续调图像，如照片或使用绘画程序创建的作品。矢量图形由基于数学表达式的形状组成，适合用于插图、文字以及要求清晰、平滑线条的图形。
3　形状图层是一个矢量图层，包含形状（包括填充和描边）、像素和路径。
4　使用 Path Selection 工具和 Direct Selection 工具移动和编辑形状并调整其大小。另外，还可通过选择 Edit > Free Transform Path 来修改和缩放形状和路径。
5　智能对象是矢量对象，可置入到 Photoshop 中并在其中对其进行编辑，而不会降低其质量。无论如何缩放、旋转、扭曲或变换智能对象，它都将保持其犀利、精确的边缘。使用智能对象的一个优点是，可以在创作程序（如 Illustrator）中编辑原始对象，所做的修改将在 Photoshop 图像文件中置入的智能对象中反映出来。

第9课 高级合成技术

在本课中，你将学习以下内容：

- 应用和编辑智能滤镜；

- 对图像选区应用色彩效果；

- 应用滤镜以创建各种效果；

- 记录并播放动作，以自动完成一系列步骤；

- 创建一个条件动作；

- 升级低分辨率的图像，以便进行高分辨率打印；

- 混合图像以创建全景画。

　学习本课需要大约 90 分钟。如果还没有将 Lesson09 文件夹复制到本地硬盘中，请现在就这样做。在学习过程中，请保留初始文件；如果需要恢复初始文件，只需要从配套光盘中再次复制它们即可。

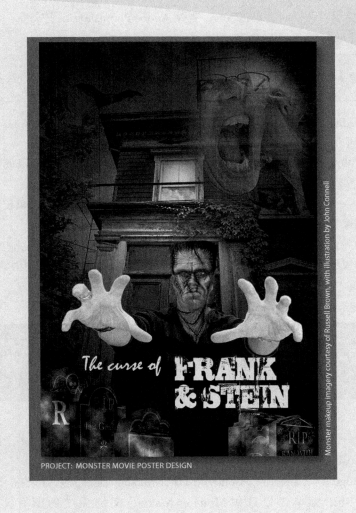

Monster makeup imagery courtesy of Russell Brown, with illustration by John Connell

PROJECT: MONSTER MOVIE POSTER DESIGN

　　滤镜可将普通图像转换成非凡的数字作品。使用 Smart Filters 可使用户对这些转换进行编辑。Photoshop 包含许多功能，以帮助你改变作品的外观。通过动作（action），用户可以快速完成重复性任务，从而花费更多时间进行创造性工作。

9.1　概述

在本课中，你将创建一部怪物电影的宣传材料。你要收集一些图片制成海报，然后再将一些图像混合成全景图像，创建网页横幅。首先查看最终的文件以了解需要创建的工作。

1　启动 Photoshop 并立刻按下 Ctrl+Alt+Shift（Windows）或 Commond+Option+Shift（Mac OS）以恢复默认首选项。

2　出现提示对话框时，单击 Yes，删除 Adobe Photoshop 设置文件。

3　选择 File > Browse In Bridge。

Ps　注意：如果没有安装 Bridge，在选择 Browse In Bridge 时，系统将提示你安装。

4　在 Bridge 面板中，从左侧菜单选择 Favorites，然后双击 Lessons 文件夹。再双击 Lesson09 文件夹。

5　查看 09A_End.psd 文件的缩略图，如图 9.1 所示。如需放大以便更清晰地看到缩略图，可以滑动 Bridge 窗口底部的滑块。

该文件是一张电影的海报，其中包括背景、一张怪物的图片和几幅较小的图像。每个图像都应用了一个或多个滤镜或效果。

怪物是由一幅十分正常的男子（尽管稍微有一些吓人）图像加上一些十分残忍的图像构成的。这些令人可怕的修饰是由罗素·布朗完成的，插图由约翰·康奈尔提供。

图9.1

6　现在查看 09B_End.jpeg 的缩略图，如图 9.2 所示。

图9.2

该文件是一个包含全景图像和文字的网页横幅。首先，你将使用多个图像创建海报。第一步，你可以在 Photoshop 中将不同图层组合成为一个怪物的形象。

7　在 Bridge 中，导航到 Lesson09/Monster-Makeup 文件夹并打开它。

8　按住 Shift 键单击以选中 Monster-Makeup 文件夹中的所有文件，然后选择 Tools > Photoshop > Load Files Into Photoshop Layers。

在新建的 Photoshop 文件中，Photoshop 将所有选中的文件作为单个图层导入。用来创建怪物外观的图层中，可见图标被标记为红色，如图 9.3 所示。

9　在 Photoshop 中，选择 File > Save As。Format 选择为 Photoshop，新文件命名为 09Working.psd，将其保存在 Lesson09 文件夹中。在 Photoshop Format Options 对话框中点击 OK。

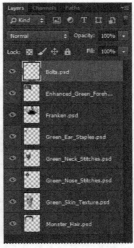

图9.3

9.2 整理图层

你的图像文件中包含按字母顺序导入的 8 个图层。依照图层的现有位置，并不能构成一个很有说服力的怪物。在开始创建怪物时，你需要重新排列图层顺序，并调整其内容。

1 缩小或滚动，以便在画板上看到所有图层。

2 在 Layers 面板中，将 Monster＿Hair 图层拖至图层栈的顶部。

3 将 Franken 图层拖曳至图层栈的底部。

4 选择 Move 工具，然后将 Franken 图层（人物的图像）移动至页面底部，如图 9.4 所示。

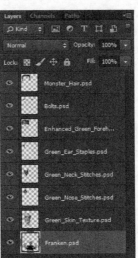

图9.4

5　在 Layers 面板中，按住 Shift 键选中除了 Franken 图层之外的所有图层，并选择 Edit > Free Transform。

6　从选区一个角落中向下拖曳时按住 Shift 键，将所有选定图层调整到其原始大小的 50% 左右（查看选项栏中的宽度和高度百分比）。

7　继续选中已调整的图层，将它们移至 Franken 图层的头部位置，如图 9.5 所示。然后，按下 Enter 或 Return 提交已进行的转变。

图9.5

8　放大图像以清楚地看到头部区域。

9　隐藏除了 Green_Skin_Texture 和 Franken 之外的所有图层。

10　选择 Green_Skin_Texture 图层，使用 Move 工具将其放在整个脸部的中心位置，如图 9.6 所示。

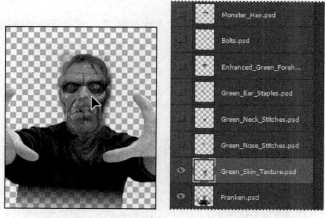

图9.6

11　再次选择 Edit > Free Transform，调整脸上的纹理，使其合适。

使用侧边控点调整宽度，使用底部和顶部的控点来调整高度，使用箭头轻移整个图层的位置。利用眼睛和嘴部作为参照。定位好皮肤纹理后，按下 Enter 或 Return 提交已进行的转变。最终效果如图 9.7 所示。

12 保存文件。

图9.7

9.3 使用 Smart Filter

不同于常规滤镜那样永久地修改图像，Smart Filter 对图像不具有破坏性：可调整、启用 / 停用或是删除它。不过，这种滤镜只能应用于智能对象。

9.3.1 应用 Liquify 滤镜

你将使用 Liquify 滤镜，收紧眼睛张开幅度并改变怪物脸部形状。由于你想要在稍后能够调整滤镜的设置，那么可以使用 Liquify 滤镜作为 Smart Filter。这样一来，你首先需要将 Green_Skin _Texture 图层转换为智能对象。

1 确保 Green_Skin_Texture 图层在 Layers 面板中处于被选中的状态，然后从 Layers 面板菜单中选择 Convert To Smart Object，如图 9.8 所示。

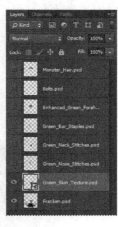

图9.8

2 选择 Filter > Liquify。

Photoshop 在 Liquify 对话框中显示该图层。

3 在 Liquify 对话框中，选择 Advanced Mode，以便看到其他选项。

4 选择 Show Backdrop，然后从 Mode 菜单中选择 Behind。设置 Opacity 为 75。

5 从对话框左侧的工具箱中选择 Zoom 工具（🔍），放大眼部区域。

6 选择 Forward Warp 工具（✋）（第一个工具）。

在你拖曳时，Forward Warp 工具将像素向前拖动。

7 在 Tool Options 区域中，设置 Brush Size 为 150，Brush Pressure 为 75，如图 9.9 所示。

8 使用 Forward Warp 工具，将右侧眉毛向下拉伸，使睁开的眼睛闭上。然后，自眼睛下部开始拉伸。

9 在左侧眉毛和下眼区重复步骤 8 的操作。

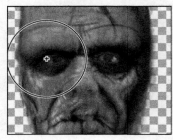
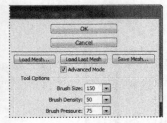

图9.9

10 使眼睛周围的缝隙闭合后，单击 OK。。

由于你将 Liquify 滤镜作为 Smart Filter 镜使用，因此之后还可以返回，对脸部进行其他修改。

9.3.2 定位其他图层

现在，皮肤纹理已放置在了合适的位置，你要从 Layers 面板中的最低层开始操作，将其他图层移动到适当的位置上。

1 使 Green_Nose_Stitches 图层可见，在 Layers 面板中选中它，如图 9.10 所示。

图9.10

2 选择 Edit > Free Transform，然后将图层放置在鼻子上，根据需要调整其大小，如图 9.11 所示。按下 Enter 或 Return，提交已进行的转变。

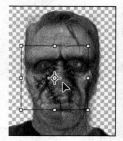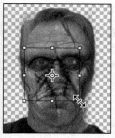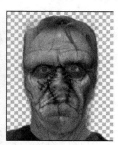

图9.11

3 重复步骤 1~2，放置以下几个图层。

- 将 Green_Neck_Stitches 图层移动到脖子上。
- 将 Green_Ear_Staples 图层移动到左耳。
- 将 Enhanced_Green_Forehead 图层移动到额头上。
- 移动 Bolts 图层，使螺栓在颈部的两侧。
- 将 Monster_Hair 图层移动到额头顶部。

4 保存你目前为止的工作。最终效果如图 9.12 所示。

图9.12

9.3.3 编辑 Smart Filter

当所有图层都已放置到合适的位置后，你可以进一步细化眼睛的睁开程度，修饰眉毛的凸起。你将会返回 Liquify 滤镜来进行这些调整。

1 在 Layers 面板中，双击 Liquify，该选项位于 Green_Skin_Texture 图层 Smart Filters 下方。

Photoshop 再次打开 Liquify 对话框。这一次所有图层在 Photoshop 中均可见，因此当 Show Backdrop 被选中时，你可以看到所有图层。有时，进行修改时没有令人分心的背景，操作起来会更容易。其他时候，显示背景对于在上下文中进行编辑十分有用。

2 放大图像，以便更近距离地查看眼睛。

3 选择工具箱中的 Pucker 工具（❄），然后单击每只眼睛的外眼角，如图 9.13 所示。

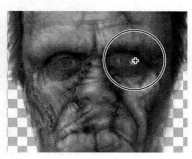

在用户点击或拖曳时，Pucker 工具将像素朝点击笔刷中心移动，可以制作出褶皱效果。

4 选择 Bloat 工具（❖），单击眉毛部位的外边缘，从而扩大眉毛的区域。对另一边眉毛区域也进行相同操作。

当你点击或拖曳时，Bloat 工具使像素远离笔刷的中心位置。

图9.13

5 体验 Liquify 滤镜中的 Pucker、Bloat 和其他工具，自定义怪物的脸。记住，你可以改变笔刷的大小以及其他设置，也可以撤销个别步骤。但如果想要重新开始，最简单的操作就是单击 Cancel，然后返回 Liquify 对话框。

6 当对怪物的脸部区域满意后，单击 OK。最终效果如图 9.14 所示。

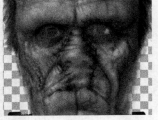

图9.14

9.3.4 绘制图层

在 Photoshop 中，有很多方法可以绘制对象和图层。最简单的一种就是使用 Color 混合模式和 Brush 工具。你可以使用此方法将怪物裸露的皮肤绘制成绿色。

1 在 Layers 面板中选择 Franken 图层。

2 点击 Layers 面板底部的 Create A New Layer 按钮。

Photoshop 创建了一个名为 Layer 1 的新图层，如图 9.15 所示。

3 选中 Layer 1，在 Layers 面板顶部的 Blending Mode 菜单中选择 Color。

Color 混合模式结合了基本颜色（已在该图层的颜色）的亮度以及要应用的颜色的色调和饱和度。当你在为单色图像着色或是为彩色图像着色时，这是一个很好的混合模式。

图9.15

> **Ps** 提示：要学习更多的混合模式以及每种模式的描述，请参见 Photoshop Help 中的 Blending modes。

4 选择 Brush 工具（🖌）。在选项栏中，选择一个像素为 60、硬度为 0 的画笔，如图 9.16 所示。

5 按住 Alt 或 Option 键临时切换到 Eyedropper 工具。从额头部位取绿色样本，如图 9.17 所示。然后，松开 Alt 键或 Option 键返回 Brush 工具。

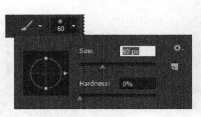
图9.16

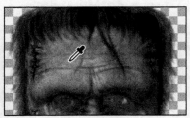
图9.17

6 按住 Ctrl 或 Command 键，单击 Franken 图层的缩略图，选中其内容。

7 确保 Layers 面板上的 Layer 1 仍然处于被选中状态，然后用 Brush 工具涂过手和胳膊，如图 9.18 所示。小心不要涂在皮肤外面，那里紧邻衬衫的颜色。在选区边缘的皮肤位置可以不用这么小心，因为涂在选区外面不会有任何影响。

8 绘制面部或颈部的任何区域，这些区域最初的肉色可以通过 Green_Skin_Texture 图层显示出来。

9 对绿色皮肤满意后，选择 Select > Deselect。保存你的工作。最终效果如图 9.19 所示。

图9.18   图9.19

9.4　增加背景

怪物的外观现在已经很不错了。现在是时候将他放置在幽灵般的环境中了。若要将怪物轻松地移动到背景中，首先要合并图层。

1 确保所有图层都可见。然后在 Layers 面板菜单中选择 Merge Visible，如图 9.20 所示。Photoshop 将所有图层合并成一个，命名为 Layer 1。

2 将 Layer 1 重命名为 Monster，如图 9.21 所示。

图9.20   图9.21

3 选择 File > Open。浏览并打开 Lesson09 文件夹中的 Backdrop.psd 文件。

4 选择 Window > Arrange > 2-Up Vertical，同时显示怪物和背景文件。

5 点击 09Working.psd 文件，以激活它。

6 选择 Move 工具（▶╋），然后将 Monster 图层拖动到 Backdrop.psd 文件中。将怪物置于适当的位置，使他的手刚好在电影标题的上方，如图 9.22 所示。

图9.22

7 关闭 09Working.psd 文件，出现提示时，保存更改。

8 选择 File > Save As，然后保存该文件，将其命名为 Movie-Poster.psd。在 Photoshop Format Options 对话框中，单击 OK。

9.5 自动化多步任务

动作是一个或多个命令的集合，你可以记录并播放它，从而将其应用于一个文件或一批文件中。你甚至可以创建条件动作，使其根据你定义的判断标准改变操作。在本课中，你将创建动作，将滤镜应用于墓碑图像，然后使用条件动作来确定如何应用这些动作。

在 Adobe Photoshop 中，使用动作是让任务自动执行的多种方法之一。要了解有关录制动作的更多信息，请参阅 Photoshop Help。

9.5.1 录制动作

你可以从录制对图像应用一系列滤镜的一个动作开始着手。使用 Actions 面板，可以录制、播放、编辑和删除单独的动作。也可以使用 Actions 面板保存和加载动作文件。

1 选择 File > Browse In Mini Bridge，打开 Mini Bridge 面板。

2 导航到 Lesson09 文件夹，双击该文件夹，然后双击 Tombstones 文件夹。

3 双击 T1.psd 将其打开。

4 在工具箱中，单击 Default Foreground And Background Colors 按钮（■），将前景色退回为黑色。

5 选择 Window > Actions，打开 Actions 面板。

6 在 Actions 面板中，单击 Create New Action 按钮（■），如图 9.23 所示。

图9.23

7 在 New Action 对话框中，将动作命名为 Blue Filter，并单击 Record，如图 9.24 所示。

不要因为是在录制，就赶时间。花费所需要的所有时间来准确地执行此过程。工作速度对于播放录制的动作所需的时间没有任何影响。

图9.24

8 选择 Filter > Render > Difference Clouds。

9 选择 Filter > Noise > Add Noise。

10 在 Add Noise 对话框中，将 Amount 设为 3%，选择 Gaussian，然后选择 Monochromatic，单击 OK，如图 9.25 所示。

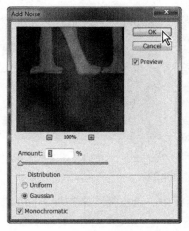

图9.25

11 选择 Filter > Render > Lighting Effects。

12 在选项栏中，从 Presets 菜单中选择 Flashlight。

13 在 Properties 面板中，单击 Color 色板，然后选择浅蓝色。

14 在图像窗口中，将光源拖曳到墓碑上部，使其位于 RIP 字母的上部居中位置。

15 在 Properties 面板中，将 Ambience 修改为 46。最终设置如图 9.26 所示。

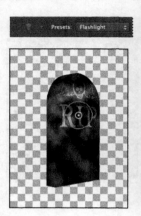 

图9.26

16 在选项栏中单击 OK，接受 Lighting Effects 设置。

 注意：如果在 Performance Preferences 对话框中没有选择 Use Graphics Professor，那么 Lighting Effects 滤镜将不可用。如果显卡不支持使用 Use Graphics Processor 选项，跳过步骤 11~16。

17 点击 Actions 面板底部的 Stop 按钮（■），停止录制，如图 9.27 所示。

 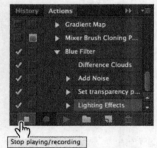

图9.27

你刚刚录制的动作现在保存在 Actions 面板中。点击箭头来扩展不同的步骤集合。你可以检查录制的每一个步骤以及创建的每一个具体选区。

提高滤镜的性能

有些滤镜效果是内存密集型的，尤其是应用于高分辨率图像时。你可使用下面的技术来提高性能。

- 在图像中很小的区域上测试滤镜和设置。
- 如果图像非常大且内存有限，则将效果应用于单独的通道，如每个 RGB 通道（注意，对于有些滤镜，应用于各个通道而不是合成图像时，效果可能不同，尤其是在滤镜随机地修改像素时）。
- 使用滤镜前执行 Purge 命令（位于 Edit 菜单中）以释放内存。
- 关闭其他打开的应用程序，让 Photoshop 有更多的内存可用。如果使用的是 Mac OS，则给 Photoshop 分配更多的内存。
- 尝试修改设置以提高内存密集型滤镜（如 Lighting Effects、Cutout、Stained Glass、Chrome、Ripple、Spatter、Sprayed Strokes 和 Glass）的速度。例如，对于 Stained Glass 滤镜，可增大单元格大小；对于 Cutout 滤镜，可增大 Edge Simplicity 或减小 Edge Fidelity 或同时更改两者。
- 如果打算在灰度打印机上打印，最好在应用滤镜前将图像的副本转换为灰度图像。然而，如果将滤镜应用于彩色图像，然后再转换为灰度，得到的效果可能与将该滤镜应用于图像的灰度版本不同。

9.5.2 播放动作

让我们测试你刚刚录制的动作。因为你没有保存所做的更改，可以很容易地恢复原始图像。然后，可以播放动作，查看结果。

1 选择 File > Revert。

对墓碑所做的修改消失了，不过动作仍保留在 Actions 面板中。

2 在 Actions 面板中，选择 Blue Filter 动作，然后点击 Play 按钮（▶）。

有了之前应用的光照效果，墓碑几乎是立刻看起来乌云笼罩。你要在第一个动作的基础上（即将设置应用于墓碑）创建第二个动作。因此，你需要再一次恢复原始图像。

3 选择 File > Revert。

使用滤镜

考虑使用哪种滤镜及其效果时，谨记以下原则：

- 最后使用的滤镜出现在 Filter 菜单的顶端；
- 滤镜应用于活动的可视图层；
- 不能将滤镜应用于位图模式或索引颜色的图像；

- 有些滤镜只适用于 RGB 图像；
- 有些滤镜是完全在内存中处理的；
- 有关可用于每通道 16 或 32 位的图像的滤镜完整列表，请参阅 Photoshop Help 中的 Using filters；
- Photoshop Help 提供了有关各个滤镜的具体信息。

9.5.3　复制和修改动作

本节将创建另一个动作，它应用相同的滤镜，但添加了不同的颜色效果。本节内容并非要从头开始录制整个动作，你可以复制原来的动作，然后对其进行添加。

1 在 Actions 面板中，将 Blue Filter 动作拖曳到 Create New Action 按钮上。

2 将 Blue Filter 副本动作重命名为 Green Filter。你可能需要向下滚动或展开 Actions 面板，以便看到新的滤镜。

3 如果 Green Filter 动作中的步骤不可见，将其展开。

4 选择 Lighting Effects 步骤，然后单击 Record 按钮，从此处开始进行录制，如图 9.28 所示。

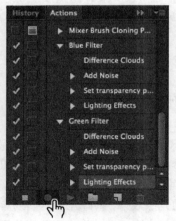

图9.28

5 选择 Image > Adjustments > Hue/Saturation。

6 在 Hue/Saturation 对话框中，选择 Colorize。在 Hue 处输入 120，然后单击 OK，如图 9.29 所示。

7 单击 Actions 面板底部的 Stop 按钮，停止录制。

8 选择 Edit > Undo Hue/Saturation，恢复图像中的颜色，以便测试动作。

9 选择 Green Filter 动作，然后单击 Play 按钮（▶）。

从第一个滤镜起的所有的纹理和过滤器已应用，还包括一个绿色的色相。

10 再次选择 File > Revert。

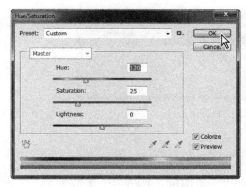

图9.29

9.5.4　创建一个条件动作

条件动作根据判断标准来应用动作，比如文件定位、像素深度、色彩模式、打开状态、图层属性以及其他内容。你已经创建了两个动作：一是创建了一个稍微偏蓝的色调；另一个是增加了一个强大的绿色色调。你将创建一个条件动作，把 Green Filter 动作应用在水平墓碑（横向）上，将 Blue Filter 动作应用于所有其他地方（纵向或方形方向）。

1　单击 Create New Action 按钮。将新的动作命名为 Color Select，然后单击 Record。

2　立刻单击位于 Actions 面板底部的 Stop 按钮，因为你实际上并不是真的要记录什么。

3　在选择了 Color Selection 动作的情况下，从 Actions 面板菜单中选择 Insert Conditional，如图 9.30 所示。

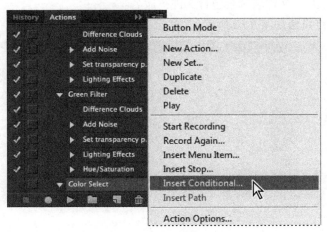

图9.30

4　在 Conditional Action 对话框中，浏览 If Current 菜单中的选项。

这些是可以使用在条件动作中的判断标准。

5　从 If Current 菜单中选择 Document Is Landscape。

6　从 Then Play Action 菜单中选择 Green Filter。

7 从 Else Play Action 菜单中选择 Blue Filter，然后单击 OK，如图 9.31 所示。

图9.31

9.5.5 对一批文件播放动作

通过应用动作来对文件执行常规任务可节省时间，你可以一次对多个文件应用动作，以提高工作效率。在本节中，你将对全部 5 幅墓碑图像应用条件动作，然后将它们添加到海报中。

1 选择 File > Automate > Batch。

2 在 Batch 对话框的 Play 区域，从 Action 菜单中选择 Color Select，从 Source 菜单中选择 Folder。

3 在对话框的 Source 区域，点击 Choose，切换到 Lesson09/Tombstones 文件夹，然后点击 OK 或 Choose。

4 在对话框的 Destination 区域，从 Destination 菜单中选择 Folder，点击 Choose；同样切换到 Lesson09/Tombstones 文件夹，然后点击 OK 或 Choose。

5 在对话框的 File Naming 区域，确保第一个对话框显示 Document Name。在随后的对话框中输入 final。

6 在下一个对话框中（Document Name 下面的对话框），点击箭头打开弹出菜单，选择 extension（小写）。文件名称会包含文件扩展名。

7 点击 OK。最终设置如图 9.32 所示。

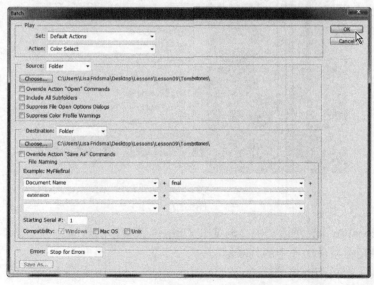

图9.32

Photoshop 对 Tombstone 文件夹中所有 5 个文件均执行了 Color Select 动作，将每个编辑后的文件在原有文件名的后面添加了 final。

8　在 Mini Bridge 中，按住 Ctrl 或 Command 键选择以单词 final 结尾的 5 个文件。

9　将选中的文件拖曳至组合中心，然后按 Enter 或 Return 键 5 次，接受 5 个替代，如图 9.33 所示。

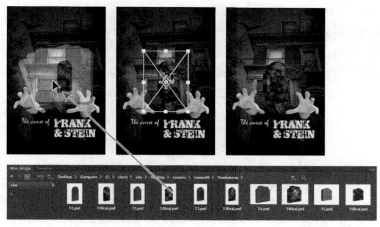

图9.33

10　双击 Mini Bridge 标签，将其关闭。

11　选择 Move 工具（ ▸╈ ）。然后在选项栏中选择 Auto
　　Select，从 Auto Select 菜单中选择 Layer，如图 9.34 所示。

图9.34

在选择了 Auto Select 和 Layer 的情况下，你可以移动每个对象，而无需在 Layers 面板中首先选中它们的图层。

12　将各个墓碑拖曳到海报的底部，确保它们的底部边缘被海
　　报底部的边缘切掉。 你还可以根据自己喜欢的方式整理
　　墓碑。

13　保存你的工作。最终效果如图 9.35 所示。

图9.35

9.6　提升低分辨率的图像

对于网页和社交媒体来说，低分辨率图像是可以的甚至是可取的。如果需要放大这些图片，它们可能没有包含足够的信息来支持高品质的打印。要在尺寸上升级一幅图像，Photoshop 需要重新取样。也就是说，需要创建不存在的新像素，使其接近之前的像素值。Photoshop CC 中的新算法极大提高了这个过程，因此，升级低分辨率的图片可以获得更佳效果。

在这张电影海报中，你需要使用一张放在社交媒体网站上的低分辨率的图像。你需要调整其大小，使其不影响打印海报的质量。

1　选择 File > Open，切换到 Lesson09 文件夹，打开 Faces.jpg 文件。

2　放大到 300％ ，以便可以看到像素。

3 选择 Image > Image Size。

4 将宽度和高度的测量修改为百分比，然后将值更改到 400%。

宽度和高度是默认关联的，因此，图像按比例调整大小。如果为了一个项目需要分别改变宽度和高度，点击链接图标，取消值之间的关联。

5 在预览窗口中全景显示，这样可以看到眼镜。

6 确保 Resample 被选中，从 Resample 菜单中选择 Preserve Details（Enlargement）。

图像更加清晰，不过，锐化引入了一些杂色。

7 将 Noise 滑块滑到 50%，使图像平滑。最终设置如图 9.36 所示。

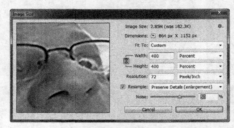

图9.36

8 单击并按住预览窗口，以便看到之前的图像，这样就可以和修改后的图像进行比较。

9 单击 OK。

最终的图像质量柔和了很多，不过考虑到你已经将图像尺寸扩大了 4 倍，使低分辨率图像可以印刷，因此图像质量保持得还不错。将图像粘贴到海报上的羽化选区中。

10 选择 Select > All，然后选择 Edit > Copy。

11 选择 Movie-Poster.psd 标签，将其移动到前面，然后选择隐藏在 Rectangular Marquee 工具（▢）下方的 Elliptical Marquee 工具（◯）。

12 在选项栏中，为 Feather 输入 50 px，如图 9.37 所示。

13 在海报右上角怪物头部的位置绘制一个椭圆形。椭圆形应该覆盖了窗口和火灾逃生出口。

14 选择 Edit > Paste Special > Paste Into。 如果看到 Paste Profile Mismatch 对话框，单击 OK。最终效果如图 9.38 所示。

图9.37

图9.38

15 选择移动工具 (▶₊)，在羽化区域中心位置粘贴的图像。

16 在 Layers 面板中，从 Blending Mode 菜单中选择 Luminosity，将 Opacity 滑块移动到 50%，如图 9.39 所示。

图9.39

17 选择 File > Save。然后关闭 Faces.jpg 文件，不保存。

9.7 将图像保存为四色印刷格式

如果打算将 Photoshop 文件用专业的四色印刷技术印刷出来，要使用 Mode 命令将图像转变为 CMYK 颜色模式。因为有些滤镜和特效只能在 RGB 模式下显示，在转换文件前要做完所有更改。

许多专业打印机都偏好于接收 PDF 文件，所以，可以将此 Photoshop 文件保存为 PDF 格式。在保存为 PDF 文件之前，最好和印刷商协商设置问题。

关于在颜色模式之间转换的更多信息，请参阅 Photoshop Help。

1 选择 File > Save As，将文件保存为 Poster_CMYK.psd。如果看到 Photoshop Format Options 对话框，单击 OK。

如果需要的话，最好在改变颜色模式之前保存一份原始文件的副本，这样之后就可以修改原文件了。

2 选择 Image > Mode > CMYK Color。点击 Rasterize 保存智能对象的外观。出现提示框时，点击 Merge 合并图层。最后，如果看到颜色管理配置文件警告，单击 OK。

如果该图片是为真正的出版物作准备的，要确认使用了适当的 CMYK 配置文件。请参阅第 14 课，学习有关颜色管理的知识。

3 选择 File > Save As。在 Save As 对话框中，从 Format 菜单中选择 Photoshop PDF。

4 保留默认名称（Poster_CMYK.pdf），然后单击 Save。在信息对话框中点击 OK。

5 在 Save Adobe PDF 对话框中，从 Adobe PDF Preset 菜单中选择 High Quality Print，如图 9.40 所示。

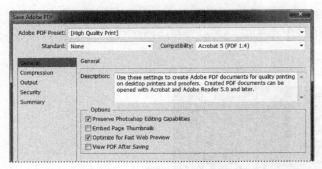

图9.40

Ps 提示：大多数图像包括一个以上的图层。在改变颜色模式前，选择 Layer > Merge
Visible，确保所有更改都包含在 CMYK 图像中。

预设是指适合不同用途的设置的集合。在许多情况下，High Quality Print 预设将产生最佳的印刷效果。不过，印刷服务供应商可能会要求用户自定义设置。

6 单击 Save PDF。如果看到关于 Preserve Photoshop Editing Capabilities 选项的警告，单击 Yes。

7 关闭 Poster_CMYK.pdf 文件。

现在，海报可以印刷了！接下来，你将创建一个网页横幅，以协助电影宣传。

9.8 匹配图像的颜色方案

在本节中，你需要将 7 张墓地图片合并为一个全景图像，制作成网页横幅。为了提供全景的连续性，可以通过对目标图像和源文件中的主导色彩进行匹配，协调图像中的配色方案。可以对任何源文件使用 Match Color 功能，从而创造出有趣、不同寻常的效果。Match Color 功能也可用于对某些照片进行某种色彩校正（比如肤色）。该功能也可以在同一图像的不同图层中匹配颜色。更多信息，请参阅 Photoshop Help。

你将创建一个动作，这样就可以快速更改文件了。

1 打开 Mini Bridge 面板，切换到 Lesson09/Panorama 文件夹。双击文件夹的名称以查看其内容。在同一文件夹中，有 7 个按顺序编号的图像。你将匹配这些文件的颜色。

2 在 Mini Bridge 面板中，双击打开 IMG_7437.jpg 文件，然后再双击打开 IMG_7436.jpg 文件。

3 选择 Window > Arrange > 2-Up Vertical，以便同时看到这两幅图像，如图 9.41 所示。

图9.41

在 IMG_7436.jpg 文件中，有些地方曝光过度，还有一些发白。下面使用 Match Color 功能，将其颜色与 IMG_7437.jpg 文件中的颜色匹配。然后，对其进行锐化。因为你需要对该文件夹中的所有文件进行相同操作，所以可以创建一个动作。

4 选择 IMG_7436.jpg 标签，确保它处于活动状态。

5 选择 Window > Actions，打开 Actions 面板。

6 单击 Create New Action 按钮，将动作命名为 Match Color and Sharpen，然后单击 Record，如图 9.42 所示。

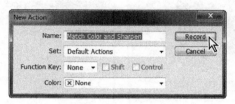

图9.42

7 选择 Image > Adjustments > Match Color。在 Match Color 对话框中执行如下操作，如图 9.43 所示。

- 如果没有选中 Preview 选项，请将其选中。
- 从 Source 菜单中选择 IMG_7437.jpg。
- 从 Layers 面板中选择 Background。可选择源图像的任何图层，但该图像只有一个图层。
- 如果愿意，可以尝试设置 Luminance、Color Intensity 和 Fading 设置。这里就取默认设置。
- 当颜色方案与图像中的颜色统一后，单击 OK 按钮。

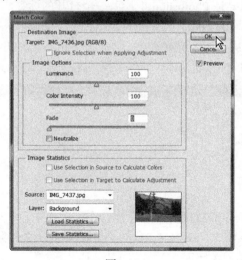

图9.43

8 选择 Filter > Sharpen > Unsharp Mask。

9 在 Unsharp Mask 对话框中，将 Radius 改为 1.5，保留其他设置不变，然后单击 OK，如图 9.44 所示。

10 选择 File > Save As。选择 JPEG 格式，使用相同的名称（IMG_7436.jpg），将其保存到新文件夹 Ready For Panorama 中，然后单击 Save。

11 在 JPEG Options 对话框中，从 Quality 菜单中选择 Maximum，选择 Baseline（"Standard"），然后单击 OK，如图 9.45 所示。

图9.44   图9.45

12 关闭 IMG_7436.jpg 文件。

13 在 Actions 面板中单击 Stop 按钮（■），停止录制。

14 关闭 IMG_7437.jpg 文件。然后选择 File > Open，选中 IMG_7431.jpg、IMG_7432.jpg、IMG_7433.jpg、7434.jpg、7435.jpg、7437.jpg，单击 Open。

关闭 IMG_7437.jpg 后再次打开它，这一操作看似愚蠢，但在动作中颜色匹配的步骤要求7437.jpg 是打开的，因此它需要是 Photoshop 中最后一个打开的标签。

15 选择 File > Automate > Batch。

16 在 Batch 对话框中，从 Action 菜单中选择 Match Color and Sharpen。从 Source 菜单中选择 Opened Files。然后从 Destination 菜单中选择 None，并单击 OK，如图 9.46 所示。

图9.46

不需要指定 Batch 对话框中的目标，因为它包含在了动作中。只要单击 OK，Photoshop 就会在全部 7 个文件中执行动作，将它们保存到 Ready For Panorama 文件夹中，并将它们关闭。

17 双击 Mini Bridge 标签，关闭面板。

9.9　拼接全景图

这些文件已经进行了颜色匹配、锐化并保存，以防全景图中出现明显的不一致。现在可以将这些图像拼接在一起了。之后，你可以添加怪物和标题，完成网页横幅制作。

1　在 Photoshop 中没有打开任何文件的情况下，选择 File > Automate > Photomerge。

2　在对话框的 Layer 区域选择 Auto。然后，在 Source Files 区域，单击 Browse 按钮并导航到 Lesson09/Ready For Panorama 文件夹。按住 Shift 键选中文件夹中的所有图像，然后单击 OK 或 Open。

3　在 Photomerge 对话框的底部，选中 Blend Images Together、Vignette Removal 和 Geometric Distortion Correction 复选框，再单击 OK，如图 9.47 所示。

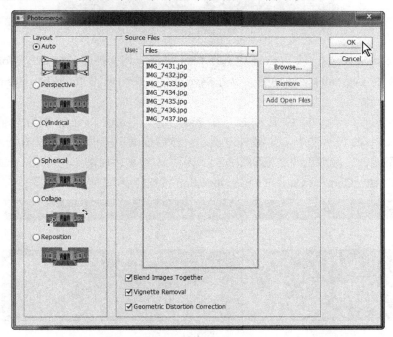

图9.47

Photoshop 将创建全景图。这是一个复杂的过程，因此在 Photoshop 处理期间你可能需要等待几分钟。完成后，你将看到一幅与图 9.48 类似的图像——在 Layers 面板中有 7 个图层，每个图像都位于一个独立的图层中。Photoshop 已经发现图像重叠的区域并匹配它们，并校正任何棱角分明的差异。在处理过程中，图像中留有一些空白区域。通过裁剪图像从而使全景图整齐。

图9.48

4　选择 Layers 面板中的所有图层，再选择 Layers > Merge Layers。最终设置如图 9.49 所示。

图9.49

5 选择 File > Save As。从 Format 中选择 Photoshop，将文件命名为 09B_Working.psd，并将文件存储在 Lesson09 文件夹中。单击 Save 按钮，在出现的 Photoshop Format Options 对话框中单击 OK。

6 选择 Crop 工具（⊏⊐）。在选项栏中，确保高度、宽度和分辨率为空值，确保 Delete Cropped Pixes 已被选中，如图 9.50 所示。然后拖动裁剪框裁剪掉所有透明区域，尽可能多地保留图像。裁剪后的结果如图 9.51 所示。对裁剪区域满意后按 Enter 或 Return 键或点击选项栏中的 Commit Current Crop Operation 按钮（✔）。

图9.50

图9.51

7 选择 File > Save，保存你的工作。最终效果如图 9.52 所示。

图9.52

9.10 扫尾工作

在本节中，你将使用 Adaptive Wide Angle 滤镜来纠正角度。之后还将应用一些用于戏剧的灯光效果，从电影海报中添加一些元素，完成最后的润色。

9.10.1 使用 Adaptive Wide Angle 滤镜

全景图看起来不错，不过由于是广角，有些线条看起来较差。例如，图像右侧的斜率大于现实中的水平。你将使用 Adaptive Wide Angle 滤镜进行调整。

1　选择 Filter > Adaptive Wide Angle。

2　在 Adaptive Wide Angle 对话框中，选择 Constraint 工具（ ）。

Constraint 工具可以定义图像中的直线区域；滤镜可调整图像其他区域，以符合所指定的角度。

3　点击黑色墓碑上从右侧起大约 1/3 位置的某一点，然后点击右侧树木中心的另一点，有效地画出一条直线，如图 9.53 所示。

图9.53

从第二个点松开鼠标时，滤镜对图像角度进行了微调。你可以使调整更加明显。

4　将鼠标悬停在圆圈的右侧，直到你看到一个旋转的箭头。然后，单击鼠标并轻微向上拖动，提高图像的右侧，如图 9.54 所示。

图9.54

> **Ps** **注意**：只有在 Performance Preferences 对话框中选择了 Use Graphics Processor 后，AdaptiveWide Angle 滤镜才可用。如果你的显卡不支持此选项，请跳过此练习。

> **Ps** **提示**：如果图像边缘出现透明区域，可使用 Adaptive Wide Angle 滤镜中的 Scale 选项来缩放图像。

5　将图像大小变为 135%，以消除由此产生的透明区域。根据使用的角度，你可能需要使其升高一点。

你可以继续调整旋转和缩放，直到关闭滤镜对话框。

6 满意后，请单击 OK，接受对图像的更改并应用滤镜。最终效果如图 9.55 所示。

图9.55

9.10.2 添加照片滤镜

墓地看起来有些平淡。你可以使用清凉的蓝色照片滤镜添加一些戏剧性，使照片看起来像是夜间拍摄的。使用 Gradient 工具，将会加深效果。

1 在 Adjustments 面板中点击 Photo Filter 按钮，创建一个调整图层。

2 在 Properties 面板中，从 Filter 菜单中选择 Deep Blue，移动 Density 滑块到 80％，并取消选择 Preserve Luminosity，如图 9.56 所示。

图9.56

照片滤镜在整个场景中创建了蓝色色调,但天空依然有一点明亮。可以添加一个渐变使其变暗。

3 在工具箱中，更改前景色为黑色，然后选择 Gradient 工具。

4 在选项栏中，打开 Gradient Picker，选择第二个选项（Foreground To Transparent），如图 9.57 所示。

5 在 Layers 面板中选择 IMG_7431.jpg 图层，如图 9.58 所示。然后，在图像中心上方大约半英寸的地方点击鼠标，将其在图像中向下拖曳 3/4，如图 9.59 所示。

图9.57　　　　　　　　　图9.58

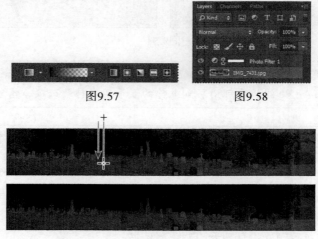

图9.59

6 保存文件。

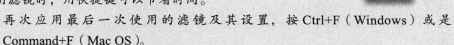

Julieanne Kost是一名Adobe Photoshop官方布道者。

来自Photoshop布道者的提示

使用滤镜快捷键

使用滤镜时，用快捷键可以节省时间。

- 再次应用最后一次使用的滤镜及其设置，按 Ctrl+F（Windows）或是 Command+F（Mac OS）。
- 要显示最后一次使用的滤镜的对话框，按 Ctrl+Alt+F（Windows）或是 Command+Option+F（Mac OS）。
- 要减弱最后一次使用的滤镜效果，按 Ctrl+Shift+F（Windows）或是 Command+Shift+F（Mac OS）。

9.10.3 为网页准备文件

网页的横幅只需要再添加电影海报元素就完整了。然而，电影海报元素的分辨率较高。你将使用 Save for Web 功能以确保最终的网页横幅足够紧凑，可进行快速下载。你将在第 13 课中学习有关 Save For Web 对话框的内容。

1 选择 File > Open，然后打开 Movie-Poster.psd 文件。

2 选择 Window > Arrange > 2-Up Vertical，以便可以看到电影海报和全景。点击 Movie-Poster.psd 文件，使其处于活动状态。

3 按住 Ctrl 或 Command 键选择 Title 和 Monster 图层，然后将它们拖曳到 09B_Working.psd 文件的图像窗口，如图 9.60 所示。

图9.60

4 关闭 Movie-Poster.psd 文件，不保存，然后使用 Move 工具将加入的怪物和标题拖曳到全景图像的右侧。

5 在 Layers 面板中，将 Photo Filter 1 调整图层拖曳到 Title 和 Monster 图层的下面，这样它只会影响全景（IMG_7431.jpg）图层。

6 选择 File > Save For Web。

7 在 Save For Web 对话框中，从 Preset 菜单中选择 JPEG High。

8 在 Image Size 区域，宽度输入 1024 像素。由于默认情况下高度和宽度是关联的，因此高度值自动变化。

9 单击 Save。

10 在 Save Optimized As 对话框中，从 Format 菜单中选择 Images Only，然后将文件命名为 Banner.jpg，并将其保存到 Lesson09 文件夹中。点击 Save。

11 打 Photoshop 中打开 Banner.jpg 文件，查看最终的网页横幅。已经可以将其提交给网页设计师了。

至此，你创建了几幅图像，并将其混合成一个全景图像。你已经准备好利用自己的图片创建蒙太奇和全景。

复习

复习题

1 使用 Smart Filter 和常规滤镜对图片应用效果时有什么不同？

2 Liquify 滤镜中的 Bloat 和 Pucker 工具有什么作用？

3 动作是什么？怎样创建一个动作？

4 怎样创建全景图？

复习题答案

1 Smart Filter 都是非破坏性的：可以在任何时间对其进行调整、关闭 / 开启和删除。相比之下，普通滤镜永久地改变图像，一旦应用便不能被删除。Smart Filter 只能应用于智能对象图层。

2 Bloat 工具将像素移动远离笔刷中心；Pucker 工具将像素移向笔刷中心。

3 动作是一个或多个命令的集合，你可以录制并播放它，从而将其应用于一个文件或一批文件中。要创建动作，点击 Actions 面板中的 Create New Action 按钮，为动作命名，点击 Record。然后执行想要被包含在动作中的任务。完成后，单击 Actions 面板底部的 Stop Recording 按钮。

4 要创建一个全景，需要将多张照片拼接在一起。然后在 Photoshop 中选择 File > Automate >Photomerge。选择 Photomerge 对话框中的选项，选择想要拼接在一起的图像，然后单击 OK。

第10课 视频编辑

在本课中，你将学习以下内容：

- 在 Photoshop 中创建视频时间轴；
- 在时间轴面板中给视频组添加媒体；
- 为视频剪辑和静止图像添加动感；
- 使用关键帧制作文字和效果动画；
- 在视频剪辑中运用智能滤镜；
- 在视频剪辑之间添加过渡；
- 在视频文件中添加音频；
- 渲染视频。

 学习本课需要大约 90 分钟。如果还没有将 Lesson10 文件夹复制到本地硬盘中，请现在就这样做。在学习过程中，请保留初始文件；如果需要恢复初始文件，只需要从配套光盘中再次复制它们即可。

PROJECT: FAMILY VIDEO FROM MOBILE PHONE

在 Photoshop 中，你可以使用编辑图像文件的许多效果来编辑视频文件。你可以使用视频文件、静止图像、智能对象、音频文件以及文字图层来创建电影，可应用过渡效果，还可以使用关键帧制作动画效果。

10.1 概述

在本课中，你要编辑一段由手机拍摄的视频，你将创建一个视频时间轴，导入剪辑，添加过渡效果和其他视频效果，并渲染最终的视频。首先，来看看你创建的最终项目。

> **Ps** | **注意**：本课所包含的内容要求使用 Mac OS 10.7 及更高版本，或 Windows 7 及更高版本。欲了解更完整的 Photoshop CC 系统要求，请访问 www.adobe.com/products/photoshop/ tech-specs.html。

1 启动 Photoshop，然后立即按住 Ctrl+Alt+Shift 键（Windows）或 Command+Option+Shift 键（Mac OS），恢复默认首选项。

2 出现提示时，单击 Yes，删除 Adobe Photoshop 设置文件。

3 选择 File > Browse In Bridge。

> **Ps** | **注意**：如果还未安装 Bridge，在选择 Browse In Bridge 时，系统会提示安装。

4 在 Bridge 中，选择 Favorites 面板中的 Lessons 文件夹。然后，在 Content 面板中双击 Lesson10 文件夹。

5 双击 10End.mp4 文件，在 QuickTime 或 Windows Media Player 中打开，效果如图 10.1 所示。

图10.1

6 点击 Play 按钮，查看最终视频。

这个简短的视频是一次沙滩活动的剪辑汇总，其中包含有过渡效果、图层效果、文字动画和音轨。

7 关闭 QuickTime 或 Windows Media Player，并返回到 Bridge 中。

8 双击 10End.psd 文件，在 Photoshop 中将其打开。点击 Play，或移动播放头位置，查看视频的不同部分。

Photoshop 中显示了 Timeline 面板，并且文件窗口中有参考线。如果播放视频，参考线指出了视频播放时可见的区域。Timeline 面板中包括所有的视频剪辑和音轨。

9　查看完最终文件后，将其关闭，但保持 Photoshop 打开。

10.2　创建一个新的视频项目

Photoshop 处理视频和静止图像稍有差异。你可能会发现最简单的方法是首先创建一个项目，然后导入会用到的素材。可以为这一项目选择视频预设，然后添加 9 个视频和图像文件。

10.2.1　创建一个新文件

Photoshop 中有一些影片和视频预设可供选择。你将创建一个新的文件，并选择合适的预设。

1　选择 File> New。

2　将文件命名为 10Start.psd。

3　从 Preset 菜单中选择 Film & Video。

4　从 Size 菜单中选择 HDV / HDTV720p/29.97。

5　接受其他选项的默认设置，然后单击 OK，如图 10.2 所示。

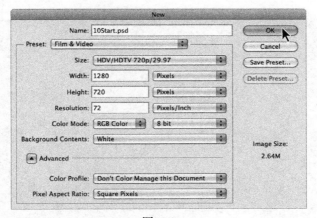

图10.2

6　选择 File > Save As，将其保存在 Lesson10 文件夹中。

 注意：本课中的视频是使用 iPhone 拍摄的，因此，HDV 预设中有一项是适合的。720P 预设提供了良好的视频质量，同时包含的数据不太多，可方便在线播放。

10.2.2　导入素材

Photoshop 提供了专门用于处理视频的工具，例如 Timeline 面板。Timeline 面板可能已被打开，因为你之前预览了最终文件。可以使用 Timeline 面板排列视频中的不同图层、使用视频属性制作动画、设置每个图层的起点和终点，并应用过渡效果。为了确保能够访问所需的资源，在为视频导入文件之前要选择 Motion 工作区并组织面板。

1　选择 Window > Workshop > Motion。

2　将 Timeline 面板的顶部边缘向上拉，使面板占据工作区的下半部分。

3　选择 Zoom 工具（🔍），然后在选项栏中单击 Fit Screen，以便在屏幕的上半部分看到整个画布。

4　在 Timeline 面板中，单击 Create Video Timeline，如图 10.3 所示。Photoshop 创建了一个新的视频时间轴，其中包括两个默认的轨道：Layer 0 和 Audio Track。

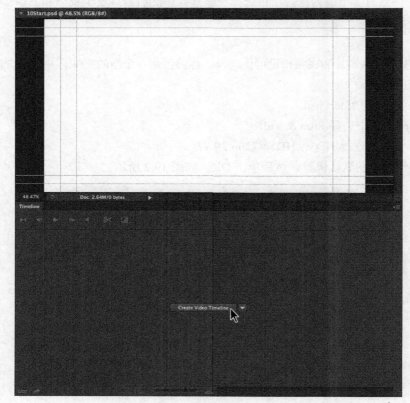

图10.3

5　在 Layer 0 的轨道上点击 Video 菜单，选择 Add Media，如图 10.4 所示。

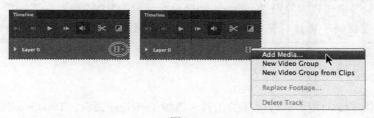

图10.4

6　导航到 Lesson10 文件夹中。

7　按住 Shift 键选择编号为 1~9 的视频和照片素材，并单击 Open，如图 10.5 所示。

图10.5

Photoshop 将你选择的 9 个素材导入到同一条轨道上，在 Timeline 面板中，该轨道命名为 Video Group 1。其中，用紫色背景显示静止图像，而视频剪辑为蓝色背景。在 Layers 面板中，素材在名为 Video Group 1 的图层组中显示为独立的图层。因为不需要 Layer 0 图层，可以将其删除。

8　在 Layers 面板中选择 Layer 0，单击面板底部的 Delete Layer 按钮。单击 Yes 确认删除，如图 10.6 所示。

图10.6

 注意：在使用 Add Media 按钮时，如果没有指定画布的大小，Photoshop 将根据它发现的第一个视频文件决定项目的尺寸。如果你只导入了图像文件，将根据图像文件决定项目的尺寸。

10.2.3　在时间轴上更改剪辑的长度

剪辑的长度各异，这意味着它们的播放时间各不相同。对于这段视频而言，你希望所有的剪辑具有相同的时间长度，因而会将其全部缩短到 3 秒。剪辑的长度（其持续时间）以秒和帧为单位，比如"03:00"表示 3 秒，"02:25"表示 2 秒 25 帧。

1　将 Control Timeline Magnafication 滑块拖动到 Timeline 面板底部的右边，使时间轴放大。这样能够看到每个剪辑的缩略图以及时间标尺中的细节，从而可以准确地改变每个剪辑的时间。

2　在时间标尺上拖动第一个剪辑（1_Family）的右边缘至 03:00。拖动时，Photoshop 中显示结束时间和持续时间，这样就可以找到合适的停止点，如图 10.7 所示。

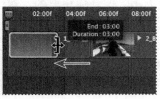

图10.7

3   拖动第二个剪辑（2_BoatRide）的右边缘，使其持续时间为 03:00。缩短视频剪辑并不是压缩它，而是将它的一部分剪掉。在本例中，你希望使用每个剪辑的前 3 秒。如果想使用视频剪辑的不同部分，可能需要在视频的两边都进行调整。拖动视频剪辑的终点时，Photoshop 会显示一个预览，从这个预览中可以看到都包含了剪辑的哪些部分。

4   在剩下的每个剪辑中都重复进行步骤 3，以便每个剪辑都有 3 秒的播放时间，如图 10.8 所示。

图10.8

注意：这里是将每个剪辑缩短至相同的长度，剪辑也可以有不同的长度，这取决于项目的具体情况。

Ps 提示：要快速改变视频剪辑的播放时间，点击右上角的箭头，然后输入一个新的 Duration 值。此选项不可用于静态影像。

剪辑现在有了合适的播放时间，但针对画布来说，有些图像的尺寸有问题。在继续之前需要调整第一张图像。

5   在 Layers 面板选择 1_Family 图层。这个剪辑也在 Timeline 面板中被选中。

6   点击 Timeline 面板中 1_Family 剪辑右上角的三角形符号，打开 Motion 面板。

7   从菜单中选择 Pan & Zoom，确保 Resize to Fill Canvas 被选中。然后，点击 Timeine 面板的空白区域，关闭 Motion 面板，如图 10.9 所示。

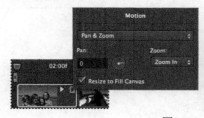

图10.9

Ps 提示：剪辑左侧的箭头（靠近剪辑的缩略图）将显示一些属性，可使用关键帧基于这些属性来制作动画效果。剪辑右侧的箭头可以打开 Motion 面板。

图像调整到适合画布大小，这是你想要的。然而，你并不是真的要平移和缩放。让我们去除该效果。

8   再次从 1_Family 剪辑中打开 Motion 面板，并从菜单中选择 No Motion。点击 Timeline 面板的空白区，关闭 Motion 面板。

9   选择 File > Save。在 Photoshop Format Options 对话框中，单击 OK。

10.3 使用关键帧制作文字动画

关键帧让你能够控制动画、效果以及其他随时间发生的变化。关键帧标识了一个时点，让你能够指定该时点的值，如位置、大小和样式。要实现随时间发生的变化，至少需要两个关键帧，一个表示变化前的状态，另一个表示变化后的状态。Photoshop 在这两个关键帧之间插入值，确保在指定时间内平滑地完成变化。下面使用关键帧来制作电影标题（Beach Day）动画，让它从图像左边移到右边。

1   在 Video Group 1 轨道中单击 Video 弹出菜单，选择 New Video Group，如图 10.10 所示。Photoshop 添加 Video Group 2 到 Timeline 面板。

图10.10

2   选择 Horizontal Type 工具（T），然后点击图像的左侧边缘，大约为从顶部向下一半的位置。Photoshop 在 Video Group 2 轨道中创建了一个名为 Layer 1 的新图层。

3   在选项栏中，选择一种无衬线字型，比如 Myriad Pro，设置字体大小为 600 pt，并将文字颜色设置为白色，如图 10.11 所示。

图10.11

4   输入 BEACH DAY，如图 10.12 所示。

图10.12

字体很大，图像容纳不下。这没有关系，你将让文本以动画方式掠过图像。

5   在 Layers 面板中，将 BEACH DAY 图层的不透明度改为 25％。

6   在 Timeline 面板中，拖动文字图层层的终点至 03:00，使它具有与 1_Family 图层相同的长度。

7   点击 BEACH DAY 剪辑缩略图旁边的箭头，以显示剪辑的属性。

8 确保播放头位于时间标尺的开始位置。

9 单击 Transform 属性旁边的秒表图标，设置该图层的初始关键帧。

关键帧在时间轴上显示为一个黄色的菱形，如图 10.13 所示。

图10.13

10 选择 Move 工具（➤+），然后使用它在画布上拖动文字图层，从而使文字顶部与两条上端指引线底部对齐。将其拖到右边，只让 "BEACH" 左边缘的字母 "B" 在画布上是可见的。

11 将播放头移到第一个剪辑的最后一帧（02:29）。

12 按下 Shift 键，把文字图层拖动到画布左边，使 "DAY" 右边缘中的 "Y" 字母是可见的，如图 10.14 所示。按下 Shift 键确保在移动过程中保持文字的垂直位置不变。

因为位置已经改变，Photoshop 创建了一个新的关键帧。

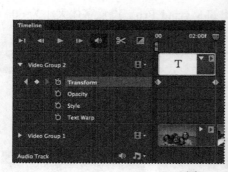

图10.14

13 移动播放头，使其滑过时间标尺前 3 秒钟，以预览动画。标题在图像上移动而过。

14 关闭剪辑的属性，然后选择 File > Save 保存你的工作。

Ps | 提示：Photoshop 在 Timeline 面板的左下角显示播放头的位置。

10.4 创建特效

在 Photoshop 中编辑视频文件的好处之一是，可以使用调整图层、样式、简单变换来创建效果。

10.4.1 给视频剪辑添加调整图层

在本书中，你都在对静止图像使用调整图层。它们也适用于视频剪辑。当在视频组中应用调整图层时，Photoshop 只将其运用在 Layers 面板中紧接其下的图层。

1 在 Layers 面板中选择 3_DogAtBeach 图层。

2 在 Timeline 面板中，将播放头移动到 3_DogAtBeach 图层开始的地方，从而可以看到你应用的效果。

3 在 Adjustments 面板中，单击 Black & White 按钮。

4 在 Properties 面板中，保留默认预设，然后选择 Tint，如图 10.15 所示。默认的色调颜色营造出怀旧效果，非常适合这个剪辑。你可以根据自己的喜好，调整滑块和色调颜色，以修改黑白效果。

图10.15

5 在 Timeline 面板中，移动播放头以跨越整个 3_DogAtBeach 剪辑，预览应用的效果。

> **Ps** **注意**：如果使用 Place 命令导入了视频文件，那么它不在一个视频组中，你需要创建一个剪切图层，让调整图层只影响一个图层。

10.4.2 制作缩放效果动画

即使是简单的变换，也可以将其制作成动画以实现有趣的效果。这里将在 4_Dogs 剪辑中实现缩放效果动画。

1 在 Timeline 面板中，将播放头移到 4_Dogs 剪辑的开始位置（09:00）。

2 单击 4_Dogs 剪辑里的箭头，显示 Motion 面板。

3 从弹出菜单中选择 Zoom，在 Zoom 菜单中选择 Zoom In。在 Zoom From 网格中，选择左上角的位置，并从该点开始放大。确保 Resize To Fill Canvas 被选中，然后单击 Timeline 面板的空白区，关闭 Motion 面板。

4 拖动播放头移过整个剪辑，预览效果。

可以放大最后一个关键帧图像，使缩放更显著。

5 单击 4_Dogs 剪辑左侧的箭头，以显示剪辑的属性。

这里有两个关键帧，一个用于放大效果的开始，一个用于结束。

6 如果播放头不在最后一个关键帧，点击 Transform 属性旁边向右的箭头，如图 10.16 所示，将移动头移动到那里，然后选择 Edit > Free Transform。在选项栏中的 Width 和 Height 中输入 120%，按 Enter 或 Return 键确认变换。

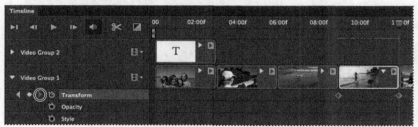

图10.16

> **Ps** 提示：在 Timeline 面板中，要移动到下一个关键帧，可单击属性旁边的向右箭头。单击向左的箭头将移动到前一个关键帧。

7 在时间标尺中拖动播放头移过 4_Dogs 剪辑，以便再次预览动画。

8 选择 File > Save。

10.4.3 在视频剪辑中添加智能滤镜

你可以对智能对象（其中包括视频项目中的智能对象）运用非破坏性的智能滤镜。下面将会把乘船的视频剪辑转换为智能对象，然后为其添加一个交互式模糊。由于模糊是作为智能滤镜添加的，在未来任何时候都可以编辑或删除该模糊。

1 将播放头移动到 12:00 位置——5_BoatRide2 剪辑的第一帧，并在 Timeline 面板中选择该剪辑。

2 确保 Layers 图层中选择了 5_BoatRide2 图层的情况下，在 Layers 面板菜单中选择 Convert To Smart Object。

Layers 面板中图层的图标发生了变化，这表示其变为了智能对象。

3 选择 Filter > Blur > Iris Blur。

工作区发生变化，显示为 Blur Gallery，而且打开了 Blur Tools 和 Blur Effects 面板。

4   将中心拖曳到女人的肩膀位置，从而使焦点集中在人和狗上，而其他景物则被模糊，然后点击 OK，如图 10.17 所示。

图10.17

5   扫视剪辑来预览模糊效果。

随着视频的播放，对焦区域保持静止。到了 14:20，狗不再是焦点，因为它跑到了模糊区里。你将要调整效果，以扩大焦点。因为这是一个智能滤镜，因此可以轻松编辑模糊效果。

6   在 Layers 面板中双击 Blur Gallery，调整滤镜的设置。扩展椭圆手柄和羽化手柄，加大对焦区域，使得在整个剪辑中都包含人和狗。然后单击 OK，如图 10.18 所示。

图10.18

7   扫视片段来预览编辑过的滤镜。

所做的更改适用于整个剪辑，即使在编辑时播放头不在同一位置。

注意：欲了解关于交互模糊功能的更多信息，请参阅第 5 课。

提示：如果想要滤镜的焦点区域在剪辑中移动，要使用关键帧将其进行动画处理。

10.4.4 制作样式效果动画

可以将图层样式运用到 Timeline 面板的剪辑中。下面要在带太阳镜女孩的图像中添加一个有趣的效果。首先，要改变图像的大小，以适应画布。然后，应用一个样式，再将其删除，重复两次，使其在视频中闪烁。

1 将播放头移到 6_Avery 剪辑的起始位置（15:00）。

图像相对于画布而言太大了。

2 打开该剪辑的 Motion 面板，从弹出菜单中选择 Pan & Zoom。确保 Resize to Fill Canvas 被选中。然后点击 Timeline 面板的空白区，关闭 Motion 面板，调整图像大小。

3 再次打开 Motion 面板，从弹出菜单中选择 No Motion，因为实际上并不想平移和缩放这个图象。单击 Timeline 面板上的空白区，关闭面板。

4 选择 Window > Styles，打开 Styles 面板。

5 在 Timeline 面板中，点击 6_Avery 剪辑缩略图旁边的箭头，以显示其属性，然后单击秒表图标，创建 Style 关键帧。

6 将播放头移过剪辑的 1/4 左右。然后在 Style 面板中，选择 Negative Image 样式，如图 10.19 所示。

图10.19

Photoshop 添加了一个关键帧。

7 将播放头移到剪辑的中间位置。选择 Default 样式以删除效果。Photoshop 添加了另一个关键帧。

8 将播放头移过剪辑的 3/4，再次运用 Negative Image 样式。Photoshop 自动添加第四个关键帧。

9 将播放头移到剪辑的结束位置（17:29），并选择 Default 样式。Photoshop 为该剪辑添加最后一个关键帧，如图 10.20 所示。

图10.20

10 将播放头移过整个时间标尺以预览效果。

10.4.5 移动图像以创建运动效果

本节将使用另外一种变换来制作动画，以创建移动效果。你要让图像从潜水员的腿开始，到他的双手结束。

1 将播放头移到 7_jumping 剪辑的末端（20:29），选择该剪辑。向下移动图像时按下 Shift 键，使潜水员的双手靠近画布上方，把潜水员放在最后的位置。

2 显示该剪辑的属性，然后单击用于 Position 属性的秒表图标，添加一个关键帧。

3 将播放头移到剪辑的开始位置（18:00）。按下 Shift 键的同时向上移动图像，使潜水员的脚靠近画布的底部。

Photoshop 添加了一个关键帧，如图 10.21 所示。

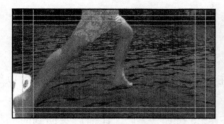

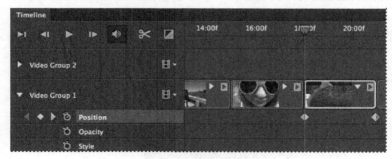

图10.21

4 在时间标尺上移动播放头，预览动画效果。

5 关闭剪辑的属性。然后选择 File > Save，保存你的工作。

10.4.6 添加平移和缩放效果

可以轻松地添加类似于纪录片中的平移和缩放效果。下面给两个落日添加这种效果，让视频以戏剧性效果结尾。

1 将播放头移到 8_Sunset 剪辑的开始位置。

2 打开 Motion 面板，从弹出菜单中选择 Pan。确保 Resize to Fill Canvas 被选中，然后单击 Timeline 面板上的空白区域，关闭 Motion 面板，如图 10.22 所示。

3 将播放头移到 9_Sunset2 剪辑的开始位置。

4 打开该剪辑的 Motion 面板。从弹出菜单中选择 Pan & Zoom，从 Zoom 菜单中选择 Zoom
   Out，并确保 Resize to Fill Canvas 被选中。然后，单击 Timeline 面板的空白区域，关闭
   Motion 面板，如图 10.23 所示。

图10.22   图10.23

5 将播放头移动过最后两个剪辑，以预览效果。

10.5 添加过渡效果

过渡将场景从一个镜头移动到下一个镜头。在 Photoshop 中，只需通过拖放就可以给剪辑添加
过渡效果。

1 单击 Timeline 面板左上角的 Go to First Frame 按钮（▶️），让播放头回到时间标尺的开始
   位置。

2 在 Timeline 面板的左上角单击 Transitions 按钮（▱）。选择 Cross Fade，将 Duration 值改为
   0.25 秒（1/4 秒）。

3 将 Cross Fade 过渡拖曳到 1_Family 和 2_BoatRide 剪辑之间，如图 10.24 所示。

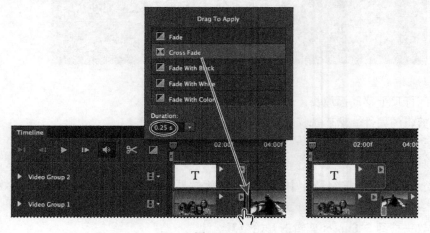

图10.24

Photoshop 通过调整这两个剪辑的端点来应用过渡，并在第二个剪辑的右下角增加了一个白色
的小图标。

4 将 Cross Fade 过渡拖曳到其他任何两个相邻的剪辑之间。

5 将 Fade With Black 过渡拖曳到最后一个剪辑上，如图 10.25 所示。

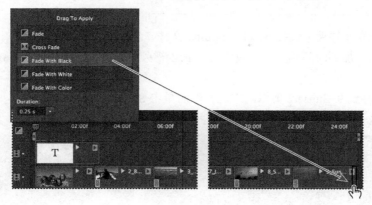

图10.25

6 为了使过渡效果更加平滑，向左拖曳 Fade With Black 过渡效果的左边缘，让过渡效果的长度为最后一个剪辑的 1/3，如图 10.26 所示。

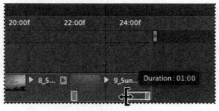

图10.26

7 选择 File > Save。

10.6 添加音频

在 Photoshop 中，可在视频文件中添加独立的音轨。事实上，Timeline 面板默认情况下包含了一个音轨。本节要添加一个 MP3 文件来当这个短片的配乐。

1 单击 Timeline 面板底部 Audio Track 里的音轨图标，从弹出菜单中选择 Add Audio，如图 10.27 所示。

图10.27

2 在 Lesson10 文件夹中选择 beachsong.mp3 文件，然后单击 OK。

音频文件将被添加到时间轴上，不过它远远长于视频。你要使用 Split At Playhead 工具来缩短长度。

3 将播放头移到 9_Sunset2 剪辑的末尾，然后单击 Split At Playhead 工具，如图 10.28 所示。

音频文件在这一点上被拆分成为两个音频剪辑。

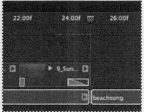

图10.28

4 选择音频文件的第二段，就是从 9_Sunset2 剪辑结尾之后开始的那一段。按下键盘上的 Delete 键删除选定的剪辑。

现在音频文件与视频的长度相同。下面将添加淡出，使其平滑结束。

5 单击音频剪辑右边缘的小箭头，打开 Audio 面板。然后为 Fade In 输入 3 秒，为 Fade Out 输入 5 秒，如图 10.29 所示。

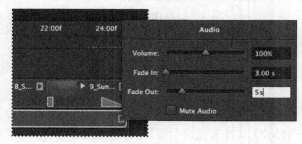

图10.29

6 保存你的工作。

10.7 让不想要的音频静音

到目前为止，通过在时间标尺移动播放头，你已经预览了视频的各个部分。现在，要使用在 Timeline 面板上的 Play 按钮预览整个视频，然后将视频剪辑中所有多余的音频变成静音。

1 在 Timeline 面板左上角单击 Play 按钮（▶），预览到现在为止的视频片段。

视频看起来很不错，但某些视频剪辑中有不必要的背景噪声。你要将这些额外的声音变成静音。

2 点击视频 2_BoatRide 右端的小三角形。

3 点击 Audio 标签，查看音频选项，然后选择 Mute Audio，如图 10.30 所示。点击 Timeline 面板上的空白区，关闭面板。

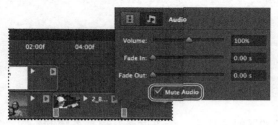

图10.30

4 在 3_DogAtBeach 图层中重复步骤 2~3。

 提示：要创建一个流畅的预览，第一次播放视频时可在 Timeline 面板中禁用音频播放按钮。在音频播放按钮被禁用后，Photoshop 可以创建一个更完整的缓存，形成更准确的预览。

5_BoatRide2 剪辑也包含不想要的音频。不过，因为这是一个智能对象，你需要打开智能对象，并单独为它的音频静音。

5 在 Layers 面板中双击 5_BoatRide2 图层的缩览图，打开智能对象。在信息对话框中单击 OK。

6 点击 5_BoatRide2 剪辑右端的小三角形，打开 Motion 面板。然后点击 Audio 标签，选择 Mute Audio。

7 关闭 5_BoatRide2 智能对象，并在提示时保存。Photoshop 返回到 10Start.psd 文件。

8 再次播放视频。现在唯一的声音就是添加的音频文件。

9 选择 File > Save，保存你的工作。

10.8 渲染视频

现在可以将项目渲染为视频了。Photoshop 提供了几种渲染选项。你要选择适合流视频的选项，以便在 Vimeo 网站分享。有关渲染选项的其他信息，请参阅 Photoshop Help。

1 选择 Filter > Export > Render Video，或者在 Timeline 面板左下角点击 Render Video 按钮（➡）。

2 将文件命名为 10Final.mp4。

3 单击 Select Folder，然后导航到 Lesson10 文件夹，单击 OK 或 Choose。

4 从 Preset 菜单中，选择 Vimeo HD 720p 25。

5 单击 Render，如图 10.31 所示。

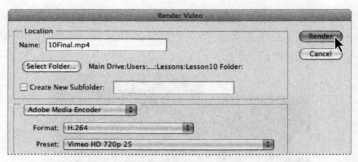

图10.31

Photoshop 在导出视频的同时会显示一个进度条。根据系统的不同，渲染过程可能需要几分钟。

6 在 Bridge 中，找到 Lesson10 文件夹中的 10Final.mp4 文件，双击它来查看你制作的视频。

复习

复习题

1 什么是关键帧？怎样创建一个关键帧？
2 如何在剪辑之间添加过渡效果？
3 如何渲染视频？

复习题答案

1 关键帧标识了一个时点，让你能够指定该时点的值，比如位置、大小和样式。要实现随时间发生的变化，至少需要两个关键帧：一个表示变化前的状态；另一个表示变化后的状态。要创建初始关键帧，可单击你要基于它来制作动画的属性旁边的秒表图标；每当你修改该属性的值时，Photoshop 都将添加额外的关键帧。

2 要添加过渡，点击 Timeline 面板左上角的 Transition 图标，然后将过渡拖曳到剪辑上。

3 要渲染视频，选择 File > Export > Render Video，或单击 Timeline 面板左下角的 Render Video 按钮，然后根据所需的输出选择合适的视频设置。

第11课 使用混合器画笔绘画

在本课中，你将学习以下内容：

- 定制画笔设置；
- 清理画笔；
- 混合颜色；
- 使用侵蚀笔尖；
- 创建自定画笔预设；
- 使用干湿笔刷混合颜色。

 学习本课需要大约需要 1 个小时的时间。如果还没有将 Lesson11 文件夹复制到本地硬盘中，请现在就这样做。在学习过程中，请保留初始文件；如果需要恢复初始文件，只需要从配套光盘中再次复制它们即可。

PROJECT: DIGITAL PAINTING

Mixer Brush 工具提供了在实际画布上绘画那样的灵活性、颜色混合功能和画笔描边。

11.1　Mixer Brush 简介

在前面的课程中，你使用 Photoshop 中的画笔执行了各种任务。Mixer Brush 不同于其他画笔，它可以混合颜色。你可以修改画笔的湿度以及画笔颜色和画布上现有颜色的混合方式。

Photoshop 的画笔的硬毛刷更逼真，让你能够添加类似于实际绘画中的纹理。这是一项很不错的功能，在使用 Mixer Brush 时尤其明显。你还可以使用侵蚀笔尖，以获得现实世界中的炭铅笔和蜡笔的绘画效果。通过结合使用不同的硬毛刷设置、画笔笔尖、湿度、载入量、混合设置，可准确地创建所需的效果。

11.2　概述

在本课中，你将熟悉 Photoshop CC 中的 Mixer Brush 以及笔尖和硬毛刷选项。下面首先来看看最终的图像。

1　启动 Photoshop 并立刻按下 Ctrl+Alt+Shift 键（Windows）或 Command+Option+Shift 键（Mac OS）以恢复默认首选项。

2　出现提示对话框时，单击 Yes，确认要删除 Adobe Photoshop 设置文件。

3　选择 File> Browse In Bridge，打开 Adobe Bridge。

4　在 Bridge 中，点击 Favorites 中的 Lessons。双击 Content 面板中的 Lesson11 文件夹。

5　预览第 11 课的最终文件。

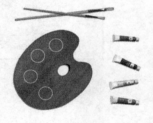

你将使用调色板图像来探索画笔选项并学习如何混合颜色，然后应用学到的知识，将一张风景照变成水彩画。

6　双击 11Palette_start.psd 文件，在 Photoshop 中打开它，如图 11.1 所示。

图11.1

7　选择 File > Save As，将文件重命名为 11Palette_working.psd。如果出现 Photoshop Format Options 对话框，点击 OK。

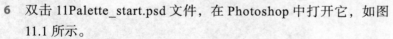

提示：如果没有安装 Bridge，当你选择 Browse In Bridge 时，系统会提示安装。

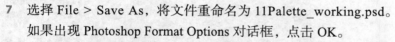

提示：如果打算在 Photoshop 中进行大量绘画，请考虑使用绘图板（例如 Wacom 绘图板）而不是鼠标。Photoshop 能够检测到握持和使用光笔的方式，进而相应地调整画笔的宽度、强度和角度。

11.3　选择笔刷设置

这幅图像包含一个调色板和 4 罐颜料，你要从中采集会使用到的颜色。使用不同颜色绘画时，你可修改设置，探索画笔笔尖设置和潮湿选项。

1　选择 Zoom 工具（🔍）并放大图像，以便能够看清颜料罐。

2　选择 Eyedropper 工具（✎）并从红色颜料罐采集红色。如图 11.2 所示。
前景色将变成红色。

注意：如果启用了 OpenGL，Photoshop 将显示一个取样环，让用户能够预览将采集的颜色。

3　选择隐藏在 Brush 工具（✎）下面的 Mixer Brush 工具（✎），如图 11.3 所示。

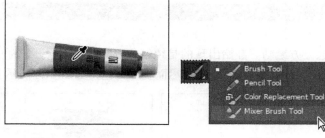

图11.2　　　　　　　　　　　　图11.3

4　选择 Window > Brush，打开 Brush 面板，并选择第一种画笔。Brush 面板包含画笔预设以及定制画笔的多个选项，如图 11.4 所示。

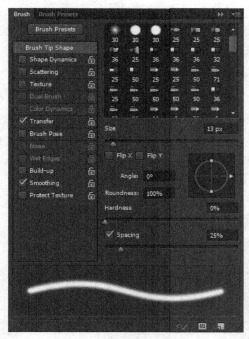

图11.4

11.3.1 体验潮湿选项和画笔

画笔的效果是由选项栏中的 Wet、Load 和 Mix 字段决定的。其中，Wet 决定了画笔笔尖从画布采集的颜料量；Load 决定了开始绘画时画笔储存的颜料量（与实际画笔一样，不断绘画时，储存的颜料将不断减少）；Mix 决定了来自画布和来自画笔的颜料量的比例。

你可以单独更改这些设置，但更快捷的方式是从弹出菜单中选择一种标准组合。

1 在选项栏中，从画笔混合组合的菜单中 Dry。

选择 Dry 时，Wet 为 0%，Load 为 50%，而 Mix 不适用，如图 11.5 所示。

在这种 Dry 预设下，绘制的颜色是不透明的，因为在干画布上不能混合颜色。

图11.5

2 在红色颜料罐上方绘画。开始出现的是纯红色，随着在不松开鼠标的情况下不断绘画，颜色将逐渐变淡，最终因储存的颜料耗尽而变成无色，如图 11.6 所示。

图11.6

3 从蓝色颜料罐上采集蓝色，为此可使用 Eyedropper 工具，也可按住 Alt（Windows）或 Option（Mac OS）键并单击。如果使用 Eyedropper 工具采集颜色，请在采集颜色后重新选择 Mixer Brush 工具。

4 在 Brush 面板中，选择圆扇形画笔，并从选项栏的弹出菜单中选择 Wet。

 注意：通过按住 Alt 键（Windows）或 Option 键（Mac OS）并单击从画布上采集颜色时，将采集到采样区域的颜色变化。如果只想采集纯色，请从选项栏的 Current Brush Load 菜单中选择 Load Solid Colors Only。

5 在蓝色颜料罐上方绘画，颜料将与白色背景混合，如图 11.7 所示。

图11.7

6 从选项栏的菜单中选择 Dry，并再次在蓝色颜料罐上方绘画，出现的蓝色更暗，更不透明，且不与白色背景混合。

与前面使用的画笔相比，当前选择的圆扇形画笔的硬毛刷更明显。修改硬毛刷品质，将对绘制出的纹理有重大影响。

7 在 Brush 面板中，将硬毛刷降低到 40%，再使用蓝色进行绘画，并看看纹理有何不同。描边中的硬毛明显得多，如图 11.8 所示。

图11.8

Ps 提示：Live Tip Brush Preview 在绘画时显示硬毛刷方向。要显示或隐藏 Live Tip Brush Preview，可单击 Brush 面板或 Brush Preset 面板底部的 Toggle The Live Tip Brush Preview 按钮。仅当启用了 OpenGL 时，Live Tip Brush Preview 才可用。

8 从黄色颜料罐上采集黄色。在 Brush 面板中，选择硬毛较少的平点画笔（圆扇形画笔右边的那支）。从选项栏的菜单中选择 Dry，再在黄色颜料罐上方绘画，如图 11.9 所示。

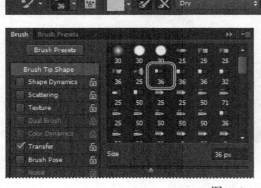

图11.9

9 从选项栏的菜单中选择 Very Wet，再进行绘画。注意到黄色与白色背景混合了。

11.3.2 使用侵蚀笔尖

使用侵蚀笔尖时，画笔的宽度随着绘制而改变。侵蚀笔尖在 Brush 面板中用铅笔图标表示，因为在现实世界中，铅笔和粉彩都有侵蚀笔尖。你要尝试使用侵蚀点和三角形笔尖。

1 从绿色颜料罐上采集绿色，在选项栏中选择 Dry，Heavy Load，如图 11.10 所示。

2 选择一个侵蚀笔尖（任何带有铅笔图标的笔尖），然后，从 Shape 菜单中选择 Erodible Point。将画笔的 Size 改为 30 px，Softness 为 100%，如图 11.11 所示。

Softness 的值决定了笔尖侵蚀的速度有多快。数值越高，侵蚀越快。

3 在绿色颜料罐上方绘制一条锯齿形线条，如图 11.12 所示。

图11.10

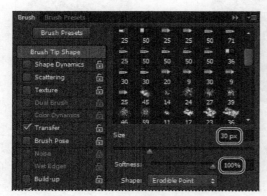

图11.11

图11.12

该线条随着笔尖侵蚀越来越粗。

4 点击 Brush 面板中的 Sharpen Tip，如图 11.13 所示。然后在刚刚绘制的线条旁边再画一条线。笔尖更尖了，绘制的线条细得多，如图 11.14 所示。

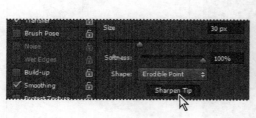

图11.13

图11.14

5 在 Brush 面板的 Shape 菜单中选择 Erodible Triangle，如图 11.15 所示，并用它绘制出一条锯齿形线条，如图 11.16 所示。

可以根据想要的效果选择多种侵蚀笔尖。

图11.15　　　　　　　　　　　　　　　　　图11.16

11.4　混合颜色

前面使用了湿画笔和干画笔，修改了画笔设置并混合了颜料与背景色。下面将注意力转向在调色板中添加颜料以混合颜色。

> **Ps** | **注意**：根据该项目的复杂性，你可能需要有耐心。混合颜色需要占用大量内存。

1　缩小图像以便能够同时看到调色板和颜料罐。

2　在 Layers 面板中选择 Paint mix 图层，以免绘画的颜色与 Background 图层中的棕色调色板混合。

除非选择了选项栏中的 Sample All Layers 复选框，否则 Mixer Brush 工具将只在活动图层中混合颜色。

3　使用 Eyedropper 工具从红色颜料罐上采集红色，在 Brush 面板中选择圆钝形画笔（第 5 支）。从选项栏的弹出菜单中选择 Wet，并在调色板中最上面的圆圈内绘画。

4　单击选项栏中的 Clean The Brush After Each Stroke 图标，取消选择它，如图 11.17 所示。

图11.17

5　使用 Eyedropper 工具从蓝色颜料罐上采集蓝色，再在同一个圆圈内绘画，蓝色将与红色混合得到紫色。

当包含颜色的图层（这里指 Background 图层）没有被选中时，使用 Eyedropper 工具取样，如

图 11.18 所示。

6　在下一个圆圈内绘画，颜色仍为紫色，因为在清理前画笔将残留原来的颜色。

7　在选项栏中，从 Current Brush Load 弹出菜单中选择 Clean Brush。预览将变成透明的，这表明画笔没有载入颜色，如图 11.19 所示。

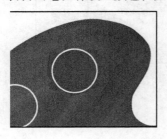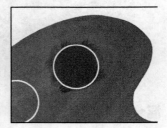

图11.18

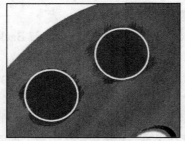

图11.19

要消除载入的颜料，可从选项栏中选择 Clean Brush；要替换载入的颜料，可采集其他颜色。

如果想让 Photoshop 在每次描边后清理画笔，可选择选项栏中的 Clean Brush 图标。要在每次描边后载入前景色，可按下选项栏中的 Load Brush 图标。默认情况下，这两个选项都选中。

8　在选项栏中，从 Current Brush 弹出菜单中选择 Load Brush，给画笔载入蓝色颜料，如图 11.20 所示。在下一个圆圈的上半部分绘画，结果为蓝色。

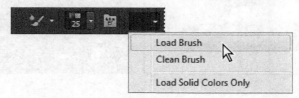

图11.20

9　从黄色颜料罐上采集黄色，并使用湿画笔在蓝色上绘画，这将混合这两种颜色。

10　使用黄色和红色颜料在最后一个圆圈中绘画，使用湿画笔混合这两种颜色，生成一种橘色，如图 11.21 所示。

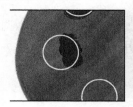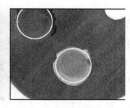

图11.21

11 在 Layers 面板中，隐藏 Circles 图层，以删除调色板上的圆圈，如图 11.22 所示。

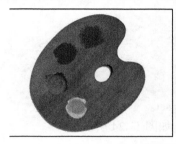

图11.22

12 选择 File > Save。

Julieanne Kost是一名Adobe Photoshop官方布道者

来自Photoshop布道者的提示

Mixer Brush快捷键

Mixer Brush工具没有默认的键盘快捷键，不过，你可以自己定义。

要创建自定义的键盘快捷键，可执行如下步骤。

1 选择 Edit > Keyboard Shortcuts。

2 从 Shortcuts For 菜单中选择 Tools。

3 向下滚动到列表的底部。

4 选择一个命令，然后输入一个自定义的快捷键。你可以为以下命令创建快捷方式。

- Load Mixer Brush
- Clean Mixer Brush
- Toggle Mixer Brush Auto-Load
- Toggle Mixer Brush Auto-Clean
- Toggle Mixer Brush Sample All Layers
- Sharpen Erodible Tips

11.5　创建自定义画笔预设

Photoshop 提供了很多画笔预设，使用起来很方便。但如果需要根据项目微调画笔，自定义预设可简化工作。下面创建一种画笔预设，供后面的练习中使用。

1　在 Brush 面板中，选择如下设置，如图 11.23 所示。

- Size：36 px。
- Shape：Round Fan。
- Bristles：35％。
- Length：25％。
- Thickness：2％。
- Stiffness：75％。
- Angle：0％。
- Spacing：2％。

2　从 Brush 面板菜单中选择 New Brush Preset。

3　将画笔命名为 Landscape，再单击 OK，如图 11.24 所示。

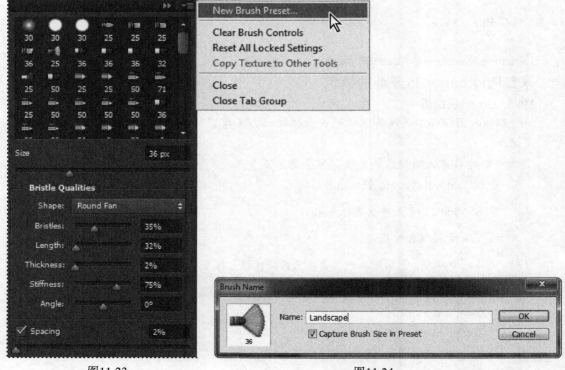

图11.23　　　　　　　　　　　　　　　　　　图11.24

4　单击 Brush 面板中的 Brush Presets，打开 Brush Presets 面板。

Brush Presets 面板显示了使用各种画笔创建的描边样本。如果知道要使用哪支画笔，通过名称来查找将容易得多。下面按名称列出画笔预设，以便找到下一个练习将使用的预设。

5　从 Brush Preset 面板菜单中选择 Large List。

6　向下滚动到列表末尾，你创建的预设 Landscape 位于该列表的末尾，如图 11.25 所示。

7　关闭 11Palette_working.psd file 文件。

图11.25

11.6　混合颜色和照片

在本课之前，你混合了颜色和白色背景，还混合了多种颜色。下面将照片用做画布，将颜色与其混合以及相互混合，从而将这张风景照变成水彩画。

1　选择 File > Open。双击 Lesson11 文件夹中的 11Landscape_Start.jpg 文件，将其打开，如图 11.26 所示。

图11.26

2　选择 File > Save As，将文件重命名为 11Landscape_working.jpg，并点击 Save。在出现的 JPEG Options 对话框中，单击 OK 按钮。

下面首先在天空中绘画。为此，先来选择颜色和画笔。

3 单击工具箱中的 Foreground 色板，选择一种较淡的蓝色（这里使用的 RGB 值为 185、204 和 228），再单击 OK。

4 如果还没有选择 Mixer Brush 工具（✔），请选择它。从选项栏的弹出菜单中选择 Dry，再从 Brush Preset 面板中选择 Landscape 画笔，如图 11.27 所示。

预设存储在系统中，在处理其他任何图像时都可以使用。

5 在天空中绘画，并移动以接近树木。由于使用的是干画笔，颜料不会与原有的颜料混合，如图 11.28 所示。

图11.27

图11.28

6 选择一种更深的蓝色（这里使用的 RGB 值为 103、151、212），并在天空区域顶部绘画，但仍使用干画笔。

7 再次选择淡蓝色，并从选项栏的弹出菜单中选择 Very Wet, Heavy Mix，如图 11.29 所示。使用该画笔在天空区域沿倾斜方向绘画，将两种颜色与背景色混合。绘画时靠近树木，并让整个天空区域比较一致，如图 11.30 所示。

图11.29

使用干画笔添加较深的颜色　　　　　　　　　使用湿画笔混合颜色

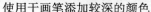

图11.30

对天空满意后，再对树木和草地进行绘画。

8 选择一种淡绿色（这里使用的 RGB 值为 92、157、13），从选项栏的弹出菜单中选择 Dry，再沿草地上边缘绘画以突出它。

9 从草地采集一种更深的绿色，从选项栏的弹出菜单中选择 Very Wet, Heavy Mix，再沿倾斜方向绘画，以混合前面的淡绿色和草地颜色，如图 11.31 所示。

使用干画笔添加淡绿色　　　　　　　　　　　使用湿画笔混合颜色

图11.31

Ps 提示：记住可以按住 Alt 键（Windows）或 Option 键（Mac OS）点击来采集颜色，而无须使用 Eyedropper 工具。要使用键盘快捷键采集纯色，可从选项栏的 Current Brush Load 弹出菜单中选择 Load Solid Colors。

10 采集一种淡绿色，并使用干画笔突出较亮的树木以及风景中央的小树木。再选择一种深绿色（这里使用的 RGB 值为 26、79、34），并从选项栏中选择 Very Wet, Heavy Mix。然后使用湿画笔在树木区域混合颜色，如图 11.32 所示。

凸显树木　　　　　　　　　　　　混合颜色

图11.32

到目前为止，一切都不错。只有背景中的树木和棕色草地没有绘画。

11 选择一种更深的蓝色（这里使用的 RGB 值为 65、91、116），并使用干画笔在背景树木的顶部绘画；再从选项栏的下拉列表中选择 Dry，并通过绘画将这种蓝色与树木混合。

提示：要达到不同效果，可以沿不同方向进行绘画。使用 Mixer Brush 工具时，可充分发挥你的艺术才能。

12 从长草中采集一种棕色，并从选项栏中选择 Very Wet, Heavy Mix。再使用垂直描边在长草顶部绘画，以营造草地效果。在风景中央的小树后面，使用水平描边进行绘画。最终效果如图 11.33 所示。

图11.33

就这样，你使用颜料和画笔创作出了一幅杰作，且没有需要清理的地方。

各种画笔设置

除了本章项目中介绍的画笔设置之外，你还可以探索众多其他的设置。具体来说，你可能应该探索Brush Pose和Shape Dynamics选项。

Brush Pose设置调整画笔的倾斜、旋转和压力。在Brush面板中，从左侧列表中选择Brush Post。移动Tilt X滑块调整画笔的左右倾斜角度。移动Tilt Y滑块调整画笔的前后倾斜角度。修改Rotation值可旋转硬毛（例如，当使用扁平扇形画笔时，旋转的效果更明显）。改变Pressure设置可以决定画笔会对图稿的影响。

Shape Dynamics设置影响描边的稳定性。增大滑块的值可让描边更加变化多端。

如果正在使用Wacom绘图板，Photoshop能够识别光笔的角度和压力，并将这些设置应用于画笔。你可以使用光笔来控制诸如Size Jitter等设置。从Shape Dynamics设置的Control菜单中选择Pen Pressure或Pen Tilt，以确定值如何变化。

还有很多其他的选项可用于改变画笔效果，其中有些选项比较微妙，有些不那么微妙。你选择的笔尖形状决定了可设置哪些选项。有关选项的更多信息，请参阅Photoshop Help。

绘画画廊

Photoshop CC中的绘画工具和画笔笔尖让你能够创建各种绘画效果。

侵蚀笔尖让绘画更逼真。下面是使用Photoshop CC中的画笔笔尖和工具创作的一些艺术作品。

Image © sholby, www.sholby.net

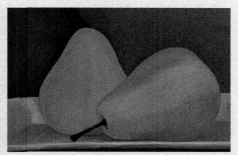

复习

复习题

1 Mixer Brush 具备哪些其他画笔没有的功能？

2 如何给混合器画笔载入颜料？

3 如何清理混合器画笔？

4 如何显示画笔预设的名称？

5 什么是 Live Tip Brush Preview？如何隐藏它？

6 什么是侵蚀笔尖？

复习题答案

1 Mixer Brush 混合画笔的颜色和画布上的颜色。

2 可通过采集颜色给混合器画笔载入颜色。为此，可使用 Eyedropper 工具或键盘快捷键（按住 Alt 或 Option 键并单击），还可以从选项栏中的弹出菜单中选择 Load Brush，将画笔的颜色指定为前景色。

3 要清理画笔，可从选项栏中的弹出菜单中选择 Clean Brush。

4 要以名称的方式显示画笔预设，可打开 Brush Presets 面板，再从 Brush Presets 面板菜单中选择 Large List（或 Small List）。

5 Live Tip Brush Preview 显示当前的画笔描边的方向，仅当启用了 OpenGL 时才可用。要隐藏 / 显示 Live Tip Brush Preview，可单击 Brush 面板或 Brush Presets 面板底部的 Toggle The Live Brush Preview 图标。

6 当你绘画时，侵蚀笔尖会被逐渐消蚀掉，导致描边粗细不断变化。这就像铅笔或蜡笔，其笔尖形状随绘画而变化。

第12课 处理3D图像

在本课中，你将学习以下内容：

- 从图层创建 3D 形状；

- 导入 3D 对象；

- 创建 3D 文本；

- 应用 3D 明信片效果；

- 使用 3D 轴操作 3D 对象；

- 调整相机视图；

- 在属性面板中设置坐标；

- 调整光源；

- 使用 3D 文件制作动画。

学习本课需要大约需要 90 分钟。如果还没有将 Lesson12 文件夹复制到本地硬盘中，请现在就这样做。在学习过程中，请保留初始文件；如果需要恢复初始文件，只需要从配套光盘中再次复制它们即可。

PROJECT: WINERY ADVERTISEMENT

　　为了创建像照片一样逼真的图像，
传统 3D 美工需要花数小时、数天，甚
至数周的时间；Photoshop 的 3D 功能让
用户能够轻松地创建复杂而精确的 3D
图像，还能轻松地修改它们。

12.1 简介

本课要探索 3D 功能，该功能要求你的显卡至少有 512MB 的专用虚拟内存，并且支持 OpenGL 2.0，同时你的电脑也启用了 OpenGL 2.0。要了解显卡信息，可选择 Edit > Preference > Performance（Windows）或 Photoshop > Preference > Performance（Mac OS）。该对话框的 Graphics Processor Settings 区域包含了有关显卡的信息。

 注意：本课程介绍的功能需要 Mac OS 10.7 或更高版本，或 Windows 7 或更高版本，虚拟内存至少为 512MB。要理解更多关于 Photoshop CC 的系统要求，请访问 www.adobe.com/products/photoshop/tech-specs.html。

在本课中，你将创建三维场景，用于做葡萄酒广告。首先来看看完成后的场景。

1. 启动 Photoshop 并立刻按下 Ctrl+Alt+Shift 键（Windows）或 Command+Option+Shift 键（Mac OS），恢复默认首选项。

2. 出现提示对话框时，单击 Yes，确认要删除 Adobe Photoshop 设置文件。

3. 选择 File > Browse In Bridge，打开 Adobe Bridge。

4. 在 Bridge 中，单击 Favorites 面板中的 Lessons，在 Content 面板中双击 Lesson12 文件夹。

5. 在 Bridge 中查看文件 12End.psd。其中包括一个带 3D 字母的木箱，木箱上是三维酒瓶酒杯和销售卡。

6. 双击 12End.mp4 文件观看视频，它使用光照动画模拟日出效果。看完视频后，退出 QuickTime 播放器。

图12.1

7. 双击 12Start.psd 文件，在 Photoshop 中将其打开，如图 12.1 所示。

该文件包含一幅葡萄园照片、一个黑色背景图层以及另外两个图层。

 注意：如果 Bridge 没有安装，在选择 Browse In Bridge 时，系统将提示你进行安装。

12.2 从图层创建 3D 形状

Photoshop 包含一些 3D 形状预没，其中包括几何形状和日常用品的形状（如酒瓶或圆环）。从图层创建 3D 形状时，Photoshop 会把图层贴到预设的 3D 形状上，然后，用户可旋转 3D 对象、调整其位置和大小，甚至可使用多种彩色光源从各种角度照射 3D 对象。

下面首先创建用于放置酒瓶、酒杯和销售卡的木箱。为此，你将把包含木板图像的图层贴到一个 3D 立方体上。

1. 选择 File > Save。切换到 Lesson12 文件夹，将文件保存为 12Working.psd。如果出现 Photoshop Format Options 对话框，单击 OK。

2 在 Layers 面板中，使 Wood 图层可见，然后将其选中，如图 12.2 所示。

图12.2

3 选择 3D > New Mesh From Layer > Mesh Preset > Cube Warp。

4 当被问及是否要切换到 3D 工作区时，单击 Yes，如图 12.3 所示。

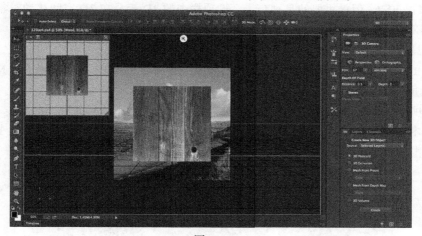

图12.3

3D 工作区包括 3D 面板、Layers 面板和 Properties 面板。处理 3D 对象时，你会希望这些面板都触手可及。在 3D 工作区中，还显示了地平面、格栅和 Secondary View 窗口，其中格栅反映了地平面相对于 3D 对象的位置，而 Secondary View 窗口让你能够从不同角度观看 3D 对象。

Photoshop 将图像环绕到一个立方体上。当前显示的是从正面看到的立方体。下面存储该文件，以便尝试使用各种 3D 工具后能够轻松地恢复到这种状态。

5 选择 File > Save，保存现有文件。

12.3 操作 3D 对象

显而易见，处理 3D 对象的优点是，用户可在三维空间内处理它们，还可随时调整 3D 图层的光照、颜色、材质和位景，而无需重新创建大量的元素。Photoshop 提供了一些基本工具，使用它们可轻松地旋转 3D 对象、调整其大小和位置。选项栏中的 3D 工具用于操作 3D 对象。应用程序窗口左下角的 Camera 控件可以操作相机，让你能够从不同角度查看 3D 场景。

在 Layers 面板中选择 3D 图层后，便可使用 3D 工具。3D 图层与其他图层一样，可对其应用图层样式、添加蒙版等。然而，3D 图层可能非常复杂。

与普通图层不同，3D 图层包含了一个或多个网格，而网格定义了 3D 对象。在刚创建的图层中，网格为立体环绕形状。每个网格又包含一种或多种材质，这些材质决定了整个或部分网格的外观。每种材质包含一个或多个纹理映射，这些决定了材质的外观。有 9 种典型的纹理映射，每种纹理映射只能有一个，但用户也可使用自定义的纹理映射。每种纹理映射包含一种纹理——定义纹理映射和材质外观的图像。纹理可能是简单的位图图形，也可能是一组图层。不同的纹理映射和材质可使用相同的纹理。在刚创建的图层中，纹理为木板图像。

除网格外，3D 图层还包含一个或多个光源，这些光源影响 3D 对象的外观，其位置在用户旋转或移动对象时保持不变。3D 图层还包含相机——在对象位于特定位置时存储的视图。着色器根据材质、对象属性和渲染方法创建最终的外观。

这听起来很复杂，但最重要的是别忘了，选项栏中的 3D 工具在 3D 空间移动对象，而 Camera 控件移动观看对象的相机。

1　在工具箱中选择 Move 工具（▶⊕）。

所有 3D 的功能都被嵌入了 Move 工具中，如果当前选择的是 3D 图层，则选择 Move 工具后，选项栏将显示所有的 3D 工具。

2　在选项栏 3D Mode 区域，选择 Drag The 3D Object 工具（✥）。

3　单击木材边缘或外部，将其拖动至从一侧到另一侧移动或上下移动，如图 12.4 所示（如果点击木材表面，Photoshop 识别出 3D 轴控件，切换到相应的工具）。

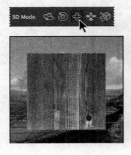

图12.4

4　在选项栏中选择 Roll The 3D Object 工具（◉），然后点击并拖曳立方体，如图 12.5 所示。

图12.5

5　尝试使用其他工具，看看它们如何影响 3D 对象。

当选择了 3D 对象时，Photoshop 将显示彩色的 3D 轴控件，它用绿色、红色和蓝色表示不同的轴。红色代表 X 轴，绿色代表 Y 轴，蓝色代表 Z 轴（为加深记忆，可想一下 GRB 颜色）。

如果将鼠标指向中心框并等它变成黄色后，可单击并拖曳，以相同的比例缩放对象；单击并拖曳坐标轴箭头可沿相应的轴移动对象；单击并拖曳坐标轴箭头旁边的弯曲手柄可绕相应坐标轴旋转；单击并拖曳较小的手柄可沿相应坐标轴进行缩放。

 提示：当移动对象时，3D 轴控件也将相应变化。例如，当 Z 轴指向屏幕时，可能能够看到 X 和 Y 轴的箭头。黄色中心框也可能被某条轴遮蔽。

6　使用 3D 轴空间旋转、缩放和移动立方体。
7　在应用程序窗口左下角的 Camera 控件（有两条轴可见）上右键单击（Windows）或按住 Control 键单击（Mac OS），再选择 Top，如图 12.6 所示。

图12.6

Camera 菜单中的选项决定了从什么角度观看对象。相机角度变了，但对象本身没有变。不要被它与背景图像的关系蒙蔽，背景图像不是 3D 的，因此当移动相机时，Photoshop 保持背景图像不变。

8　选择其他相机位置，看看它们是如何影响观看角度的。
9　尝试完毕后，选择 File > Revert。你将再次看到木箱的前视图。

12.4　增加 3D 对象

木箱只是本章场景中的 5 个 3D 元素之一。下面创建所有这些 3D 对象，再将它们合并到一个 3D 图层，以便能够把它们作为一个整体进行处理。位于同一个图层时，这些 3D 对象将共享相机和光源。

12.4.1　创建 3D 明信片

在 Photoshop 中，可将 2D 对象转换为 3D 明信片，以便在 3D 空间中操作它。之所以叫 3D 明信片，是因为图像就像变成了明信片，可在手中随意翻转。

下面将使用 3D 明信片来创建依靠在酒瓶上的销售卡。

1　点击 Layers 标签，使 Layers 面板位于最前方。

2　使 Card 图层可见，然后将其选中，如图 12.7 所示。

图12.7

3　选择 3D > New Mesh From Layer > Postcard，如图 12.8 所示。

图12.8

卡片看起来并没有太大的不同，因为你是从前面观看的。后面操作它时，将非常明显地看出它是 3D 明信片。你很肯定它是 3D 对象的另一个原因是，Photoshop 切换到了 3D 面板，在左上角显示了 Secondary View 窗口，在选项栏中启用了 3D 工具，还在应用程序窗口的左下角显示了 Camera 控件。

12.4.2　从新图层创建 3D 网格

前面使用了一种 3D 网格预设将木头图层环绕在立方体上，但也可以将网格预设用于空的新图层。下面就通过这样做来创建一个酒瓶。

1　将 Layers 面板置于最前面，确保选中了 Card 图层。

2　单击 Layers 面板底部的 Create A New Layer 按钮（▭）。

在 Card 图层上方会出现了一个名为 Layer 1 的新图层。

3　保持 Layer 1 被选中，选择 3D > New Mesh From Layer > Mesh Preset > Wine Bottle。

在卡片前面，出现了一个灰色的酒瓶形状。后面将指定该酒瓶的材质，让它看起来像玻璃的。

4　在 Layers 面板中，将图层重命名为 Bottle，如图 12.9 所示。

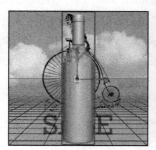

图12.9

12.4.3 导入 3D 文件

在 Photoshop 中，可打开并处理使用诸如 Collada、3DS、KMZ（Google Earth）或 U3D 等应用程序创建的 3D 文件；还可处理以 Collada 格式（Autodesk 支持的一种文件交换格式）存储的文件。将 3D 文件作为 3D 图层添加时，3D 图层将包含 3D 模型和透明背景。该图层使用现有文件的尺寸，但用户可调整其大小。

下面导入一个 3D 酒杯，它是使用另一个应用程序创建的。

1 选择 3D > New 3D Layer From File。

2 切换到 Lesson12/Assets 文件夹，并双击 WineGlass.obj 文件，如图 12.10 所示。

图12.10

一个酒杯形状出现在酒瓶前面，并位于文档窗口的中央。

3 选择 File > Save，保存你的工作。

12.4.4 创建 3D 文本

文本也可以是三维的。创建 3D 文本时，可以对其进行旋转、缩放、移动、应用材质、修改光照（以及相应的投影），还可以凸出。下面将在木箱正面创建 3D 文字。

1 在工具箱中选择 Horizontal Type 工具（T）。

2 在窗口中间拖曳选区框。

3. 在选项栏中，选择一种无衬线字体，如 Minion Pro，字体样式为 Bold，字体大小为 72 pt，如图 12.11 所示。

图12.11

4 以大写字母形式输入 HI-WHEEL，如图 12.12 所示。

图12.12

你已经创建了文本，但还不是三维的。下面将其转换为三维的。

5 在选项栏中，点击 Update 3D Associated With This Text 按钮，如图 12.13 所示。

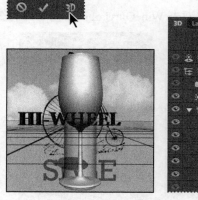

图12.13

现在文本是 3D 的了，而且 Photoshop 显示其地面以及 3D 工作环境的其他部分。

12.5 合并 3D 图层以共享 3D 空间

同一个 3D 图层可包含多个 3D 网格。同一个图层的网格可以共享光照效果并在相同的 3D 空间（也称为场景）内旋转，以创建更逼真的 3D 效果。

下面要合并前面创建的 3D 图层，让所有 3D 对象都属于同一个场景。

1 将 Layers 面板置于前方。

2 按下 Shift 键的同时，选择 HI-WHEEL、WineGlass、Bottle、Card 和 Wood 图层，如图 12.14 所示。所有 5 个 3D 图层均被选中，现在要将其合并。确保合并时按下了 Shift 键，以让这些图层对齐。

3 按住 Shift 键的同时选择 3D > Merge 3D Layers。

Photoshop 将所有图层合并为一个图层，并将其命名为 Wood。因为合并图层时按下了 Shift 键，所以对象的位置保持不变，效果如图 12.15 所示。

图12.14

图12.15

4 选择 File > Save，保存你的工作。

 提示：如果你合并得到的图层不是这样的，可能是由于你在图层合并前松开了 Shift 键。选择 Edit > Undo Merge Layers，再次尝试。

12.6 调整对象在场景中的位置

所有的对象都已就位，但排列方式不是很有吸引力。下面使用画布控件和 Properties 面板来调整每个 3D 对象的大小和位置，让场景引人注目。

12.6.1 更改相机视图

Secondary View 视图可以从不同的角度显示场景。下面使用它来查看对象，再更改相机视图，以便调整对象位置时能够更好地查看对象。

1 在文档窗口左上角的 Secondary View 窗口中，向上平移木箱，以便能够看到它下面的对象，如图 12.16 所示。

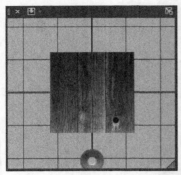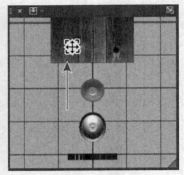

图12.16

> ![Ps] 注意：Secondary View 窗口中的相机视图独立于场景的相机视图。你可以修改 Secondary View 窗口的视图，以便从不同的角度查看场景，而不改变场景在 Photoshop 中的外观。

当前，Secondary View 窗口的相机视图为俯视图，而你创建的对象都位于木箱前面。

2 在 Secondary View 窗口顶部单击 Select View/Camera 按钮，然后选择 Left，如图 12.17 所示。

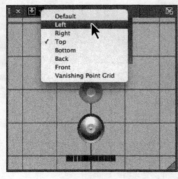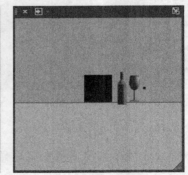

图12.17

现在可以清楚地查看对象了。下面将这种相机视图用于场景。

3 右键单击（Windows）或按住 Control 键单击（Mac OS）文档窗口左下角的 Camera 控件，然后选择 Left，如图 12.18 所示。

图12.18

12.6.2 使用 3D 轴控件移动对象

酒杯、酒瓶和销售卡应位于木箱前面，而不是旁边。要操作 3D 图层中的各个对象，可在 3D 面板中选择相应的文件夹。下面使用 3D 轴控件将上述对象移动到木箱上面。

1 使 3D 面板位于 Layers 面板组的前面。

2 选择 Card_Layer 文件夹，然后按下 Shift 键选择 Wine_Bottle 和 WineGlass_Layer 文件夹。

3 将光标指向 3D 轴控件的绿色箭头，直到看到 Move On Y Axis 的工具提示。

4 点击绿色箭头并向上拖曳，直到酒瓶底部与木箱顶部位于同一条水平线上，如图 12.19 所示。

图12.19

5 点击蓝色箭头并将对象向上拖曳，直到它们位于木板上方中央。你可以再次使用绿色箭头向上或向下移动对象，如图 12.20 所示。位置无需非常准确，后面你还有机会调整。

图12.20

提示：你可以修改 3D 轴控件的大小。为此，可将鼠标指向黄色中心框，在按住 Shift 键的情况下单击并拖曳，以增大或缩小 3D 轴控件。

你已经移动了销售卡、酒瓶和酒杯。下面要移动文本，当前它显示为木箱旁边的一个黑色小方框。

6 在 3D 面板中，展开 HI-WHEEL_Layer 文件夹，并选择 HI-WHEEL 文本。

7 使用 3D 轴控件中的绿色和蓝色箭头拖曳 HI-WHEEL 文本，使其刚好位于木箱前面。然后在 3D 面板中，折叠起 HI-WHEEL_Layer 文件夹，隐藏其内容，如图 12.21 所示。

图12.21

别忘了，相机视图为左视图。要将文本移动到木箱前面，需要让它看起来位于木箱右边。

8 右键单击（Windows）或按住 Control 键单击（Mac OS）Camera 控件，选择 Default。相机位置发生了变化，显示的是从前面看到的场景，如图 12.22 所示。

图12.22

12.6.3　使用属性面板指定 3D 对象的位置

你已经做了一些不错的工作，但是对象还未处于正确位置。下面在 Properties 面板中修改坐标，将对象放到正确的位置。

1 在 3D 面板中选择 Scene。

在选择了 Scene 的情况下，所做的修改将影响整个 3D 场景。

2 在 Properties 面板中，单击 Coordinates 按钮，更改可用的选项。

3 为 X 的值输入 70，Y 的值输入 70，Z 的值输入 17，如图 12.23 所示。

4 在 Y Rotation 文本框中输入 -30。

图12.23

提示：按 V 键在 Properties 面板的窗格之间进行切换。

整个 3D 场景相对于背景旋转了 30° 。下面缩放酒杯，并使其与酒瓶对齐。

5　在 3D 面板中，展开 WineGlass_Layer 文件夹，然后选择 objMesh。

6　在 Properties 面板中，X、Y 和 Z 的缩放值均输入 60%，如图 12.24 所示。

图12.24

7　在 3D 面板中选择 Wine_Bottle 文件夹，然后按住 Shift 键选择 WineGlass_Layer 文件夹。

8　在 Photoshop 选项栏中，单击 Align Bottom Edges 按钮，以对齐两个对象的底部边缘（让它们都放在木箱上）。如果对象没有在木箱上面，可根据需要，使用 3D 轴控件上的绿色箭头上下移动对象，如图 12.25 所示。

酒杯与酒瓶更相称了，而且与酒杯对齐了。下面将酒杯移到酒瓶右边，然后再将酒瓶移过去。首先输入坐标，其位置基本正确，但你可能还需要调整一下对象的位置。

9　在 3D 面板的 WineGlass_Layer 文件夹中选择 ObjMesh。然后在 Properties 面板的 Position 文本框输入下述值：X 为 126，Y 为 123，Z 为 136（如果 Position 文本框没有显示在 Properties 面板中，可点击 Coordinates 按钮）。

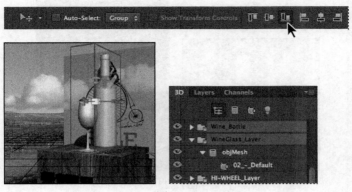

图12.25

Ps | 提示：如果愿意，也可以使用 3D 轴控件来定位酒杯和酒瓶。

10 在 3D 面板中选择 Wine_Bottle 文件夹，然后在 Properties 面板的 Position 文本框输入以下值：X 为 37，Y 为 229，Z 为 -97。

11 在 Properties 面板中，输入 X、Y 和 Z 的缩放值均为 75%。

你输入的坐标值可能不会带来预期的精确结果，这取决于你最初定位对象的位置。如果需要的话，可以手动调整对象的位置。

12 使用 3D 轴控件轻推酒瓶和酒杯，使它们位于木箱顶部，如图 12.26 所示。

图12.26

13 在 3D 面板中，收起 WineGlass_Layer 文件夹，然后选择 File > Save，保存你的工作。

12.6.4 使用 3D 轴控件缩放和旋转对象

酒杯和酒瓶已处于正确位置，但文字和销售卡的位置依然不正确。下面要使用 3D 轴控件来缩放它们，并将它们放到正确的位置。

1　在 3D 面板中，展开 HI - WHEEL_Layer 文件夹，并选择 HI – WHEEL 文本。

2　拖曳 3D 轴控件上的红色箭头，使得文本在木箱前面居中。如果有必要，拖曳绿色和蓝色箭头，上下或前后调整文本。确保文本和木箱平齐，或是略微有些靠近内。

3　将鼠标指向 3D 轴控件的中心，等到中央的立方体变成黄色后，单击并拖曳，使文本的宽度与木箱相称（根据拖曳时的提示文本，此时大约为原始尺寸的 135%），如图 12.27 所示。

图12.27

Ps　**注意：**如果你更愿意输入坐标，请将 X、Y、Z 的缩放比例都设置为 57%。因为原来的缩放比例为 42%，而 57 大约是 42 的 135%。

文字已放到了正确位置。现在，开始调整卡片的大小和位置。

4　在 3D 面板中，关闭 HI – WHEEL 文件夹，展开 Card_Layer 文件夹。

5　在 3D 面板中选择 Card Meshs，然后使用 3D 轴控件将其缩放为原始尺寸的 25% 左右。

6　拖曳 3D 轴控件的蓝色箭头，使销售卡沿 Z 轴向前移动，直到销售卡和木箱的前端齐平。

7　拖曳绿色箭头，将销售卡向下移动，使其搁在木箱上。

8　使用红色手柄将销售卡移动至到酒瓶前面。然后使用蓝色弯曲手柄旋转销售卡，让销售卡向边缘向后移动，直到看起来像是搁在酒瓶上。如果有必要，可使用蓝色、绿色和红色箭头进一步调整销售卡的位置。

Ps　**提示：**如果 3D 轴控件的行为与预期的不一样，或者是 3D 轴控件消失了，确保在 3D 面板中选择了 Card Mesh，然后再次进行尝试。

9　如果需要进一步调整酒瓶或酒杯，在 3D 面板中选择 Wine_Bottle 或 WineGlass_Layer 文件夹，或两者都选中，然后移动对象。

所有对象都处于正确的位置！如图 12.28 所示。

10　折叠 3D 面板中任何打开的文件夹，然后选择 File > Save。

图12.28

12.7 对 3D 对象应用材质

处理 3D 对象的一个好处就是，可以迅速改变对象的外观。下面要将材质应用于文本，使其更显眼，然后让酒瓶和酒杯看起来更逼真。

12.7.1 改变 3D 文本的外观

下面要改变文本的形状，将其凸出，然后再给 3D 文本的每个面应用材质。

1 在 3D 面板中，展开 HI - WHEEL_Layer 文件夹，并选择文本 HI - WHEEL。

2 按 V 键在 Properties 面板中的 Mesh、Deform、Cap 和 Coordinates 窗格之间切换。画布上显示的控件将不断变化。

3 在 Layers 面板中单击 Deform 按钮（ ），以便看到 Deform 属性。

4 在 Properties 面板中，从 Shape Preset 菜单中选择 Bevel（最上面一行的中间那个）。

5 单击画布上 Deform 控件的中央，直到凸出深度大约为 23，如图 12.29 所示。

图12.29

6 按 V 键在 Properties 面板中显示 Cap 属性（ ）。

提示: 当显示了 Deform 属性时,可使用画布上的控件对选中的对象网格进行凸出、变细、弯曲或扭曲。

7 向上拖曳画布上的控件,直到膨胀强度约为 4.75(Properties 面板中的 Strength 滑块显示为 4%或 5%),如图 12.30 所示。

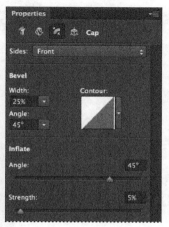

图12.30

斜面看起来很不错。下面给文本应用材质,使其熠熠发光。

8 在 3D 面板中,按住 Shift 键选择 HI-WHEEL 文本的 5 种材质组件:HI-WHEEL Front Inflation Material、HI-WHEEL Front Bevel Material、HI-WHEEL Extrusion Material、HI-WHEEL Back Bevel Material 和 HI-WHEEL Back Inflation Material,如图 12.31 所示。

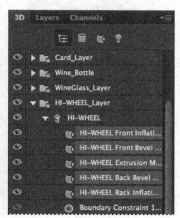

图12.31

9 在 Properties 面板中,打开 Materials 选择器。

10 从设置菜单中选择 Default,如图 12.32 所示。出现更换材质的提示时,单击 OK。如果系统提示是否保存目前的材质,单击 Don't Save。

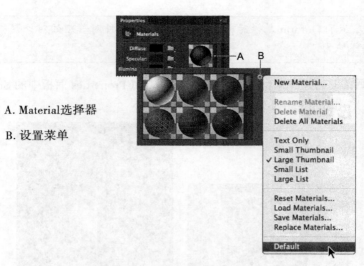

A. Material选择器

B. 设置菜单

图12.32

一组不同的材质出现在 Materials 选择器中。

11 在 Materials 选择器中，选择 Metal Gold（第 6 排中间的那个），如图 12.33 所示。

图12.33

3D 文本的各个表面都是金色的。后面将采用同样的步骤给酒瓶和酒杯应用材质。

12 在 3D 面板中，隐藏 HI - WHEEL_Layer 文件夹的内容。

12.7.2 给对象应用材质

下面将使用类似的技术对酒瓶的木塞和玻璃应用材质，然后再应用一个导入的标签。最后让酒杯看起来更逼真。

1 在 3D 面板中，展开 Wine_Bottle 图层，并选择 Cap_Material 组件。

这种材质只适用酒瓶的木塞区域。

2 在 Properties 面板中，打开 Materials 选择器，然后从第五行的中间选择 Metal Brass（Solid）。酒瓶的木塞部分看起来就像包了箔纸。

3 在 Properties 面板中，单击 Diffuse 选择器。选择深蓝色（这里使用的 RGB 是 20、66、112），然后单击 OK，如图 12.34 所示。

图12.34

现在的铝箔包装是蓝色的了。

4 在 3D 面板中选择 Bottle_Material 组件，然后从 Materials 选择器中选择 Glass（Smooth）。Glass（Smooth）刚好在 Metal Brass（Solid）的左边。

5 在 Properties 面板中，将 Opacity 滑块移动到 66%，以便能看到你应用的颜色。

6 单击 Properties 面板中的 Diffuse 选择器。选择一个几乎是黑色的深红色：在对话框底部，输入 R = 191，G = 6，B = 6。然后，在 Intensity 滑块处输入 -4，点击 OK。

为 3D 对象分配属性时，Photoshop 显示了 HDR Color Picker，其中包括额外的选项。你可以使用 Intensity 滑块来提高或降低一种颜色的亮度。Intensity 的设置效果与曝光的设置效果正好相反。

 提示：Color Picker 对话框处于打开状态时，鼠标成为 Eyedropper 工具。可以点击图像窗口中的任何地方选择颜色。

7 在 Properties 面板中，将 Specular 色板变为暗酒红色（R=73，G=3，B=3），Illumination 色板几乎是接近黑色的暗红色（R=191，G=4，B=4），Ambient 色板还是暗酒红色（R=71，G=6，B=6）。在每一种情况下，都让 Intensity 滑块的值为 0。

8 在 Properties 面板中将滑块的值更改为以下设置，如图 12.35 所示。

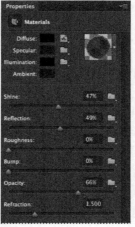

图12.35

- Shine：47%。
- Reflction：49%。
- Bump：0%。
- Refraction：1.5。

下面要在酒瓶旁边添加一个标签。为了更好地查看酒瓶，先隐藏卡片。

9　在 3D 面板中，单击隐藏 Card_Layer 文件夹的眼睛图标。

10　在 3D 面板中选择 Label_Material 组件，然后在 Properties 面板中，单击 Diffuse 选择器旁边的图标，选择 Replace Texture，如图 12.36 所示。切换到 Lesson12/Assets 文件夹；然后双击 Label.psd（在 Windows 中，从 Files Of Type 菜单中选择 Photoshop（*.PSD，*.PDD），查看 Label.psd 文件；可能需要向上滚动才能看到该选项）。

图12.36

11　在 3D 面板的 Wine_Bottle 文件夹中选择 Label 网格。然后在 Properties 面板的顶部选择 Coordinates 按钮，将 Y 轴旋转值改为 35°，使标签更加明显，如图 12.37 所示。

图12.37

12　在 3D 面板中单击可视性图标，再次显示 Card_Layer 文件夹。

13　在 3D 面板中展开 WineGlass_Layer 文件夹，然后在 objMesh 下选择 02_Default 材质组件。

14　在 Materials 选择器选择 Glass（Smooth）（第 5 排的第一个）。

15　更改 Properties 面板中的滑块，应用以下设置，如图 12.38 所示。

- Shine：96%。
- Reflection：83%。
- Roughness：0%。

- Bump：10。
- Opacity：22%。
- Refraction：1。

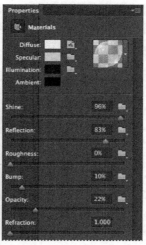

图12.38

16 隐藏 3D 面板中每个文件夹的属性，然后选择 File > Save。

12.8 给 3D 场景添加光照效果

你可以调整场景的默认光源，还可以添加新的光源。光源决定了场景的阴影、高光和意境。

1 在 3D 面板中，选择 Infinite Light 1。

当你创建 3D 场景时，Photoshop 默认创建出一个无限光源。当你选择该光源时，画布上将出现相应的控件，帮助你调整光源。移动大球可改变光照范围；调整小球可改变光照方向。

2 使用小球将光源放到左上角（约 11 点钟方向），让酒瓶瓶颈中央出现长长的高光区域，酒瓶的颜色加深，如图 12.39 所示。

图12.39

注意：光线控件的大小取决于图像缩放比例。你看到的光源控件可能比这里显示的更大，也可能更小。

3 在光源（图像上方的白色圆形图标）上右键单击（Windows）或按住 Control 键单击（Mac OS），打开 Infinite Light 1 面板。然后将颜色变为淡金色（这里使用 RGB 值为 251、242、203 的颜色）。在 Infinite Light 1 面板中，将 Intensity 改为 30%，如图 12.40 所示。

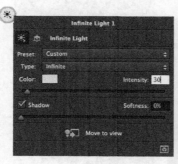

图12.40

注意：你可以在 Infinite Light 1 面板中进行修改，也可以在 Properties 面板中修改。

4 在 3D 面板底部，单击 Add New Light To Scene 按钮（💡），并选择 New Infinite Light。

5 在选中 Infinite Light 2 的情况下，在 Properties 面板中进行更改。将颜色变为与前面类似的淡金色，然后将 Intensity 的值改为 30%。

6 在 3D 面板中继续选中 Infinite Light 2 的情况下，移动画布上光源控件上的小球，将光源移到大约 1 点的位置，让酒瓶边缘有漂亮的高光，如图 12.41 所示。

图12.41

7 在 3D 面板的底部，点击 Add New Light To Scene 按钮，然后选择 New Point Light。

8 在 3D 面板中选择 Point Light 1，然后在 Properties 面板中将 Intensity 改变为 30%，如图 12.42 所示。

9 使用画布控件将光源拖曳到酒杯中央。

10 选择 File > Save，保存你的工作。

图12.42

12.9 渲染 3D 场景

在 Photoshop 中建立场景时，你非常清楚场景会是什么样的。但是最终的场景有多逼真呢？这只有等到渲染后才知道。你可以随时渲染场景的一小部分，也可以等到你认为就要完成时再渲染整个场景。渲染是个非常耗时的过程，且渲染场景后，每次修改都将导致重新渲染。

 提示：可修改 Photoshop 渲染场景时执行处理的遍数。为此，可选择 Edit > Preference > 3D（Windows）或 Photoshop > Preference> 3D（Mac OS），然后修改 Ray Tracer 区域的 High Quality Threshold 值。

现在可以渲染场景了，但是如果你打算完成后面的附加练习，请等到给场景添加光照动画后再渲染。

1 选择 File > Save As，保存文件为
12_render.psd。如果出现 Photoshop
Format Options 对话框，点击 OK。
通过使用独立的文件进行渲染，可确
保你能够更快地修改原件。

2 在 3D 面板中选择 Scene，确保选
择了整个场景。

3 单击 Properties 面板底部的 Render
按钮，如图 12.43 所示。

Photoshop 开始渲染该文件。根据系统
的不同，可能会花费几分钟到半小时，甚
至更长的时间。

图12.43

制作3D场景光照动画

　　你可以制作视频，以模拟黎明时分时间流逝的过程，方法是给背景设置不同的光照和不透明度状态。有关如何使用Timeline面板制作基于属性的动画，请见第10课。

1　单击应用程序窗口底部的 Timeline 标签，打开 Timeline 面板。

2　假如文档图层没有在时间轴上，单击 Create Video Timeline，如图 12.44 所示。

图12.44

3　将剪辑的终点向左拖曳，缩短 Wood 图层的持续时间，直到其和 Landscape 图层（05:00）相匹配。

4　显示 Landscape 图层的属性。将播放头移动到时间标尺的末尾，然后单击 Opacity 属性的秒表图标，以创建一个关键帧。

5　将播放头移动到时间标尺的开始位置。

6　使 Layers 面板位于上面。在 Layers 面板中，将 Landscape 图层的不透明度改为 0%，如图 12.45 所示。

7　在 Timeline 面板中，隐藏 Landscape 图层的属性，展开 Wood 图层的属性，然后展开 Wood 图层下面的 3D Lights。

8　将播放头移动到时间标尺的末尾，单击三个 3D Node 属性的秒表图标。将其标签更改为 Infinite Light 1、Infinite Light 2 和 Point Light 1，如图 12.46 所示。

9　将播放头移动到时间标尺的开始位置。

10　将 3D 面板置于前面，然后选择 Infinite Light 1。使用画布上的控件向下移动该光源。然后选择 Infinite Light 2，并向下移动该光源。

图12.45

图12.46

11 选择 Point Light 1，将光源拖曳到场景的底部。

12 在 Timeline 面板中单击 Play 预览动画，然后进行想要的调整。

13 在 3D 面板中选择 Scene，确保选择了整个场景。

14 从 Timeline 面板菜单中选择 Render Video。

15 在 Render Video 对话框底部，从 3D Quality 菜单选择 Interactive（如果你的电脑较慢）；反之，选择 Ray Traced Draft。

16 让所有其他选项保持默认设置，然后单击 Render。

17 Photoshop 完成视频渲染后，双击 Lesson12/Assets 文件夹中的 12Working.mp4 文件，以便查看。最终效果如图 12.47 所示。

图12.47

复习

复习题

1　3D 图层与 Photoshop 中的其他图层有何不同？
2　如何修改相机视图？
3　如何将材质应用于对象？
4　在 3D 轴控件中，每个轴都用什么颜色表示？
5　怎样渲染 3D 场景？

复习题答案

1　3D 图层与其他图层一样，可对其应用图层样式、添加蒙版等。然而与普通图层不同，3D 图层包含一个或多个定义 3D 对象的网格。用户可处理 3D 图层包含的网格、材质、纹理映射和纹理，还可调整 3D 图层的光源。
2　要更改相机视图，可以移动 Camera 控件，也可在该控件上单击鼠标右键（Windows）或按下 Control 键并单击（Mac OS），再选择一种相机视图预设。
3　要应用材质，可在 3D 面板中选择材质组件，再在 Properties 面板中选择材质并指定设置。
4　在 3D 轴控件中，红色箭头表示 X 轴，绿色箭头代表 Y 轴，蓝色箭头表示为 Z 轴。
5　要渲染 3D 场景，在 3D 面板中选择 Scene，然后在 Properties 面板底部单击 Render 按钮。

第13课 处理用于Web的图像

在本课中，你将学习以下内容：

- 在 Photoshop 中分割图像；
- 区分用户切片和自动切片；
- 将用户切片链接到其他 HTML 页面或位置；
- 优化用于 Web 的图像并做出正确的压缩选择；
- 将高分辨率的大型图像到处为支持缩放和平移的文件；
- 将图层属性复制到 CSS 代码中，以便在 Web 设计中使用。

学习本课需要大约需要 1 个小时的时间。如果还没有将 Lesson13 文件夹复制到本地硬盘中，请现在就这样做。在学习过程中，请保留初始文件；如果需要恢复初始文件，只需要从配套光盘中再次复制它们即可。

PROJECT: MUSEUM WEBSITE

Web 用户期望单击链接图形可跳转到其他站点或页面，并且激活内置的动画。通过添加链接到其他页面或站点的切片，可在 Photoshop 中处理用于 Web 的图像。

13.1 概述

在本课中，你需要使用诸如 Firefox、Internet Explorer、Safari 或者 Chrome 等 Web 浏览器，但不需要连接到 Internet。

你要对一个西班牙美术馆主页中的图形进行微调，添加链接到主题的一些超文本链接，让访问者能够跳转到该网站中已创建好的其他网页。

下面首先查看最终的 HTML 页面，它是基于单个 Photoshop 文件创建的。

1 启动 Photoshop 并立刻按下 Ctrl+A1t+Shift 键（Windows）或 Command+Option+Shift 键（Mac OS）以恢复默认首选项。

2 出现提示对话框时，单击 Yes，确认要删除 Adobe Photoshop 设置文件。

3 选择 File > Browse In Bridge。

4 在 Bridge 中，单击 Favorites 面板中的 Lessons 文件夹，在 Content 面板中双击 Lesson13 文件夹，再双击 13End 文件夹，最后双击 Site 文件夹。

Site 文件夹中包含了你将处理的网站内容。

> **Ps** | 注意：如果没有安装 Bridge，在选择 Browse In Bridge 时，系统会提示安装。

5 在 home.html 文件上单击鼠标右键（Windows）或按住 Control 键并单击（Mac OS），然后从上下文菜单中选择 Open With，并选择一个 Web 浏览器来打开它，如图 13.1 所示。

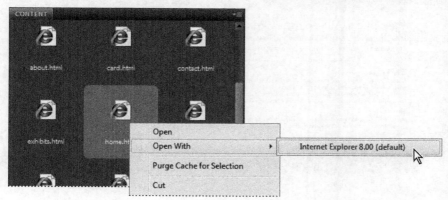

图13.1

6 将鼠标指向网页左边的主题和其他图像。将鼠标指向链接时，鼠标从箭头变成了手形，如图 13.2 所示。

7 单击页面右下角的天使图像，打开 Zoomify 窗口。单击 Zoomify 控件，看其如何缩放或移动图像，如图 13.3 所示。

> **Ps** | 注意：根据浏览器的设置，可能出现安全性警告。鉴于这里使用的是硬盘中的内容而不是 Internet 上的内容，因此以安全地显示它们。

图13.2

图13.3

8 要返回到主页，只需关闭 Zoomify 标签或窗口即可。

9 单击拿着灯泡的男孩图像，在独立的窗口中仔细查看它们。查看完毕后，关闭其浏览器窗口。

10 在主页中，单击左边的主题跳转到链接的页面。要返回到主页，只需单击窗口左上角的微标下方的 Museo Arte 文本即可。

11 浏览完网页后，关闭 Web 浏览器并返回到 Bridge。

12 在 Bridge 中，单击窗口顶部的路径栏中的 Lesson13 文件夹，显示该文件夹的内容。双击 Content 面板中的 13Start 文件夹，然后双击 13Start.psd 缩略图，在 Photoshop 中打开文件。如果看到 Missing Profile 对话框，单击 OK，效果如图 13.4 所示。

图13.4

13 选择 File > Save，将文件重命名为 13Working.psd，在 Photoshop Format Options 对话框中点击 OK。

在上述步骤中，你使用了两种链接：切片（网页左边的主题）和图像（男孩和天使）。切片是图像中的一个矩形区域，可基于图像中的图层、参考线或选区来定义切片，也可使用 Slice 工具来创建。在图像中定义切片时，Photoshop 将创建 HTML 表或级联样式表（CSS）来包含和对齐切片。你可生成并预览包含切片图像和级联样式表的 HTML 文件。

你也可以给图像添加超文本链接，让访问者能够单击图像来打开链接的网页。不像切片那样总是矩形的，图像可以为任何形状。

13.2　创建切片

在将图像中的矩形区域定义为切片时，Photoshop 将创建一个 HTML 表来包含和对齐切片。创建切片后，可将其转换为按钮并让其响应用户操作。

你在图像中创建切片（用户切片）时，将自动创建其他切片（自动切片），它们覆盖了图像中余下的区域。

13.2.1　选择切片并设置切片选项

下面将选择原始文件中一个现有的切片，该切片是作者创建好的。

1 在工具箱中，选择隐藏在 Crop 工具（⊄）下面的 Slice Select 工具（↗），如图 13.5 所示。

选择 Slice 或 Slice Select 工具后，Photoshop 将在图像中显示切片和切片编号。

图13.5

编号为 01 的切片覆盖了图像的左上角，它还有一个类似于小山的小图标。蓝色表明该切片为用户切片——作者在原始文件中创建的切片。

另外，还有用灰色标识的切片——01 号切片右边和下方的 02 号切片和 03 号切片。灰色表明这些切片是自动切片——创建用户切片导致 Photoshop 自动创建的切片。小山图标表明切片包含图像内容。有关各种切片符号的描述，请参阅下面的"切片符号"。

2   在图像的左上角，单击带蓝色矩形的编号 01 的切片，将出现一个金色定界框，表明该切片被选中。

切片符号

了解了Photoshop图像窗口和Save For Web对话框中蓝色和灰色切片符号含义后，它们将是很有用的提示。切片包含任意数量的标记。下面的标记将在指定的条件下出现：

* 切片的编号，在图像中，以从左至右、从上至下的顺序对切片进行编号；
* 切片包含图像内容；
* 切片包含非图像内容；
* 切片是基于图层的，它是从图层创建的；
* 切片已链接到其他切片（旨在优化）。

3   仍然使用 Slice Select 工具双击切片 01，打开 Slice Options 对话框。在默认情况下，Photoshop 根据文件名和切片号给每个切片命名，这里为 13Start_01，如图 13.6 所示。
如果不设置选项，切片的用处不大。切片选项包含切片名以及用户单击切片时将打开的 URL。

Ps | **注意**：可设置自动切片的选项，但这样做将自动把自动切片提升为用户切片。

4   在 Slice Options 对话框中，将切片重命名为 Logo，将 URL 设置为 #。
这样可在无需指定实际链接的情况下预览按钮的功能。在网站设计的早期，在需要查看按钮的外观和行为时，这样做十分有用。

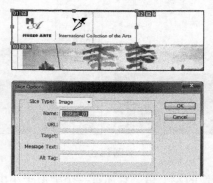

图13.6

5　单击 OK 按钮让修改生效，如图 13.7 所示。

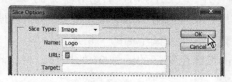

图13.7

13.2.2　创建导览按钮

下面在网页左边创建用作导览按钮的切片。可以每次选择一个按钮，并设置其导览属性；但可采取一种更快速的方式完成这项任务。

1　在工具箱中选择 Slice 工具（ ）或按 Shift+C（Crop 工具、Perspective Crop 工具、Slice 工具和 Slice Select 工具的快捷键都是 C。要在这三个工具之间切换，可按 Shift+C）。

注意到已经在图像左边的单词上方和下方放置了参考线。

2　根据图像左边的参考线，使用 Slice 工具绘制一个从第一行左上方到最后一行右下方的方框，以环绕全部 5 行文本，如图 13.8 所示。

刚创建的切片的编号为 05，其左上角有一个与切片 01 类似的蓝色矩形。蓝色表示这是用户切片，而不是自动切片。金色定界框指出了切片的边界，并标明该切片被选中。

自动切片 03 仍包含灰色矩形，但覆盖的区域更小，只占据文本上方的一个小矩形。在刚创建的切片下方出现了一个编号 07 的自动切片。

3　在仍选择了 Slice 工具的情况下，按下 Shift+C 切换到 Slice Select 工具（ ）。

图像窗口上方的选项栏将发生变化，出现一系列对齐按钮。下面将该切片分成 5 个按钮。

4　单击选项栏中的 Divide 按钮。

5　在 Divide Slice 对话框中，选中 Divide Horizontally Into，在 Slice Down, Evenly Spaced 文本框中输入 5，再单击 OK，如图 13.9 所示。

下面给每个切片命名并添加链接。

6 使用 Slice Select 工具双击第一个切片（该切片包含文本 About Museo Arte）。

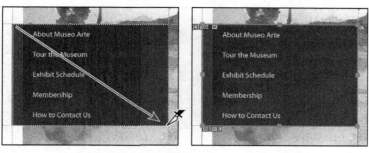

图13.8

图13.9

7 在 Slice Options 对话框中，将切片命名为 About，将 URL 设置为 about.html，将 Target 设置为 _self（务必在字母 s 前添加下划线），再单击 OK，如图 13.10 所示。

图13.10

Target 选项控制用户单击链接时如何打开链接到的文件，_self 指定在原始文件所在的框架中打开链接的文件。

8 从第 2 个切片开始，依次对其他切片重复第 6 步、第 7 步，具体设置如下。

- 对于第 2 个切片，将 Name 设置为 Tour，将 URL 设置为 tour.html，将 Target 设置为 _self。
- 对于第 3 个切片，将 Name 设置为 Exhibits，将 URL 设置为 exhibits.html，将 Target 设置为 _self。
- 对于第 4 个切片，将 Name 设置为 Members ，将 URL 设置为 members.html，将 Target 设置为 _self。
- 对于第 5 个切片，将 Name 设置为 Contact，将 URL 设置为 contact.html，将 Target 设置为 _self。

9　选择 File > Save，保存你的工作。

创建切片

你还可尝试其他创建切片的方法。

- 可创建非图像切片，然后在其中添加文本或 HTML 源代码。非图像切片可以有背景颜色，且储存在 HTML 文件中。使用非图像切片的主要优点是，可在任何 HTML 编辑器中编辑其中的文本，而无需在 Photoshop 中编辑它。然而，如果文本对切片而言太大，将超出 HTML 表，会带来多余的空隙。

- 如果在设计工作中使用了自定义参考线，可单击选项栏中的 Slice From Guides 按钮，将整幅图像划分成切片。然而，应慎用这种方法，因为它将丢弃以前创建的切片以及这些切片的选项。另外，它只创建用户切片，你可能不需要那么多切片。

- 要创建大小一致、间距均匀且对齐的切片，可先创建一个包含整个区域的用户切片，然后使用 Slice Select 选项栏中的 Divide 按钮，将原来的切片划分成所需行数和列数的切片网格。

- 如果要断开基于图层的切片与图层之间的关联，可将其转换为用户切片。为此，可使用 Slice Select 工具选择它，再单击选项栏中的 Promote 按钮。

13.2.3　创建基于图层的切片

除了使用 Slice 工具创建切片外，还可基于图层来创建切片。基于图层创建切片的优点是，Photoshop 将根据图层的尺寸创建切片，并包括图层的所有像素数据。当你编辑图层、移动图层或对其应用图层效果时，基于图层的切片将自动调整以涵盖图层的所有像素。

1　在 Layers 面板中，选择 New Wing 图层，如图 13.11 所示。如果无法看到 Layers 面板中的全部内容，可将其拖出停放区，并通过拖曳其右下角将其扩大。

2　选择 Layers > New Layer Based Slice。在图像窗口中，一个编号为 04 的蓝色矩形将出现并覆盖被称为 New Wing 的图像。编号根

图13.11

据其在切片中的位置而定，从图像的左上角开始，并采用从上到下、从左到右的顺序。

3 使用 Slice Select 工具（✏）双击该切片，将其命名为 New Wing，将 URL 设置为 newwing.html，将 Target 设置为 _blank，_blank Target 指定在一个新的 Web 浏览器窗口中打开链接的网页。单击 OK，如图 13.12 所示。

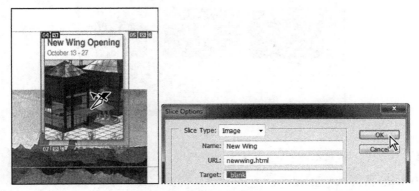

图13.12

务必按指定值设置这些选项，以便让切片链接到作者创建好的网页。

下面将为 Image 1 和 Image 2 图层创建切片。

4 对余下的图像重复 1~3 步。

- 基于 Image 1 图层（男孩的图像）创建一个切片，将其命名为 Image 1，将 URL 设置为 image1.html，将 Target 设置为 _blank，再单击 OK。
- 基于 Image 2 图层创建一个切片，将其命名为 Card，将 URL 设置为 card.html，将 Target 设置为 _blank，再单击 OK。

你可能注意到了，除前面指定的 3 个切片选项外，Slice Options 对话框还包含其他选项。有关如何使用这些选项的详细信息，请参阅 Photoshop Help。

5 选择菜单 File > Save，保存你的工作。

13.3 导出 HTML 和图像

至此，你定义了切片和链接，可以将文件导出以创建一个将所有切片作为一个整体显示的 HTML 页面。

应确保 Web 图形（文件大小）尽可能小，以便能够快速打开网页，这很重要。Photoshop 内置了度量工具，让用户能够确定以多小的程度导出每个切片时不会影响图像质量。一个不错的经验规则是，对于照片等连续调图像而言，应使用 JPEG 压缩；对于大块纯色区域（如该网页中除 3 幅主要图像外的区域），应使用 GIF 压缩。

下面使用 Photoshop 的 Save For Web 对话框来比较不同图像的设置和压缩。

1 选择 File > Save For Web。

2 在 Save For Web 对话框顶部选择 2-Up 标签，如图 13.13 所示。

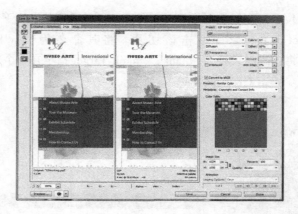

图13.13

用于Web的字体

在过去，网页的排版相当具有挑战性。要么不得不坚持使用"网络安全"的字体或在网站中包含比较繁琐的文本图像。现在，通过Adobe Typekit，你可以为自己的网站使用超过25000种的专业字体，而且它们在台式电脑和移动设备中均可使用。因为字体是通过Typekit托管的，因此网页下载速度也很快，你也不必担心浏览器的兼容性问题。

如果你是Creative Cloud的付费成员，则可以访问完整的Typekit字体库。如果是免费会员，你将获得Typekit免费计划，而且只能使用一部分字体。

图13.14

要使用Typekit，先使用Adobe ID登录，然后浏览或搜索字体库，并创建一个想在特定网站上使用的字体"包"，如图13.14所示。Typekit会产生需要添加到你的网站的代码，还可以帮助用户为新的字体样式编写部分CSS代码。你在想要设置字体的地方（段落、标题、表格等）输入内容，然后单击Add。单击Publish，并使用类似Dreamweaver的CSS编辑器将新字体添加到网站上，如图13.15所示。

要了解关于Typekit的更多内容，请访问http://html.adobe.com/edge/typekit/。

图13.15

3 在对话框中使用 Hand 工具 (✋)，在窗口中移动图像，这样可以看到男孩的画像。

4 在对话框中选择 Slice Select 工具 (✏)，并选择下面图像中的切片 17（男孩的肖像），注意到图像底部显示了该文件的大小。

5 从对话框右边的 Preset 弹出菜单中选择 JPEG Medium，如图 13.16 所示。注意图像下方文件的大小，选择 JPEG Medium 后文件明显缩小。

图13.16

接下来，看看图片右侧同一切片的 GIF 设置。

6 使用 Slice Select 工具选择下面图像中的切片 17，从对话框右边的 Preset 弹出菜单中选择 GIF 32 No Dither，如图 13.17 所示。

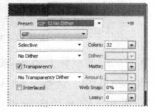

图13.17

注意到肖像右边的颜色显得缺乏层次感且色调分离程度更严重，但图像大小变化不大。

下面要根据前面学到的知识为网页中的所有切片指定压缩设置。

7 选择对话框顶部的 Optimized 标签，缩小图片从而看到整个页面。

8 在选择了 Slice Select 工具的情况下，按住 Shift 键并单击以选择预览窗口中的男孩、天使和 New Wing 三幅图像，再从 Preset 菜单中选择 JPEG Medium，如图 13.18 所示。

9 在预览窗口中，通过按住 Shift 键并单击选择其他所有切片，再从 Preset 菜单中选择 GIF64 Dithered。

10 单击 Save 按钮，在 Save Optimized As 对话框中，切换到 Lesson13/13Start/Museo 文件夹，该文件夹包含切片链接到的所有页面。

11 为格式选择 HTML And Images。使用默认设置，并从 Slices 菜单中选择 All Slices，将文件命名为 home.html，并单击 OK，如图 13.19 所示。

12 在 Photoshop 中，选择 File > Browse In Bridge，切换到 Bridge。单击 Favorites 面板中的 Lessons 文件夹，然后在 Content 面板中依次双击 Lesson13、13Start 和 Museo 文件夹。

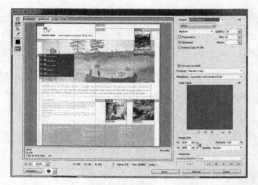

图13.18

图13.19

13 在 home.html 文件夹上单击鼠标右键（Windows）或按住 Control 键并单击（Mac OS），再从上下文菜单中选择 Open With。选择一种 Web 浏览器来打开该 HTML 文件。

14 在选定的 Web 浏览器中，在 HTML 文件中导览。

- 将鼠标指向一些创建的切片上，注意到鼠标特变成手形，表明这是一个按钮。
- 单击男孩图像，将在独立的窗口中打开该图像，如图 13.20 所示。
- 单击 New Wing Opening 链接，在独立的窗口中将其打开，如图 13.21 所示。

图13.20

- 单击左边的文本链接跳转到网站的其他网页，如图 13.22 所示。

15 测试完毕后，关闭浏览器。

图13.21

图13.22

注意：点击卡片将提示错误消息，因为 card.html 文件还不存在。接下来你将创建该文件。

优化用于Web的图像

优化指的是选择格式、分辨率和质量设置，使图像在效率、视觉吸引力方面都适用于网页中。简单地说，需要在文件大小和图像质量之间进行折中。并不存在一组可使每种类型的图像文件的效率都最高的设置，优化需要判断力和眼光。

可用的压缩选项随用于储存图像的文件格式而异。两种最常见的格式是JPEG和GIF。JPEG用于保留连续调图像（如照片）中广阔的颜色范围和细微的亮度变化，可使用数百万种颜色来表示图像。GIF格式适合用于压缩纯色图像和包含重复图案的图像，如线条画、徽标和带文字的插图。它使用256种颜色来表示图像，且支持背景透明度。

Photoshop提供了大量用于压缩图像文件的大小，同时优化屏幕显示质量的选项。通常，应在将图像储存为HTML文件前对进行优化。为此，在Photoshop中可使用Save For Web对话框对原始图像与一个或多个压缩后的版本进行比较，并在比较时修改设置。有关优化GIF和JPEG图像的详细信息，请参阅Photoshop Help。

13.4 使用 Zoomify 功能

通过使用 Zoomify 功能，可在 Web 上发布高分辨率图像，让访问者能够平移和放大图像，以便查看更多细节。这类标准图像的下载时间与同等大小的 JPEG 图像相当。在 Photoshop 中，可导出 JPEG 和 HTML 文件，以便将其上传到网上。Zoomify 适用于任何 Web 浏览器。

1 在 Bridge 中，单击窗口顶部路径栏中的 13Start 文件夹，然后双击 card.jpg 文件，在 Photoshop 中打开它。如果看到 Embedded Profile Mismatch 对话框，单击 OK。

这是一个大型位图图像，你将使用 Zoomify 功能将其导出为 HTML。下面将该天使图像转换为一个 HTML 文件，作为前面在主页中创建的一个链接的目标。

2 选择 File > Import > Zoomify。

3 在 Zoomify Export 对话框中，单击 Folder 按钮，切换到 Lesson13/13Start/Museo 文件夹，单击 OK 或 Choose。在 Base Name 文本框中输入 Card，将 Quality 设置为 12，将 Width 和 Height 分别设置为 800 和 600，并确保选中了 Open In Web Browser 选项，如图 13.23 所示。

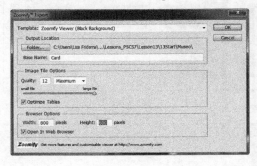

图13.23

4 单击 OK 按钮导出 HTML 文件和图像，Zoomify 将在你的 Web 浏览器中将其打开。

5 使用 Zoomify 窗口中的控件缩放天使图像，如图 13.24 所示。

图13.24

6 完成后关闭浏览器。

在Dreamweaver中使用Photoshop图像

在本课中，你在Photoshop中设计了一个网站，并导出其HTML。你可以在Dreamweaver中打开该HTML文件，以便进一步开发该网站。不过，你也可以将单独的Photoshop图像添加到在Dreamweaver中创建的网页。

如果将Photoshop（PSD）文件插入到网页中，Dreamweaver可以针对该网页以GIF、JPEG或PNG格式来优化文件。然后，将文件作为智能对象插入，这样它可以保持同原始PSD文件的链接。尽管插入的图像带有链接，但还是可以在Dreamweaver文件进行修改，而不影响原始链接图像。

或者，你可以复制和粘贴全部或部分图像到Dreamweaver的网页中。不过，粘贴的图像是没有链接的。如果更新原始图像，需要再进行复制和粘贴。

为CSS复制图层属性

在Photoshop CC中，你可以从形状和文字图层生成CSS属性，而无需编写代码。对于形状图层而言，复制CSS功能可以捕捉大小、位置、填充颜色（包括渐变）、描边颜色和阴影图层样式。对于文本图层而言，它也可以捕捉字体、字体大小、字体粗细、线条高度、下划线、删除线、上标、下标和文本对齐方式。

下面将从Flyer.psd文件中生成CSS属性，然后将它们粘贴到网站的HTML文件中。

1 在 Photoshop 中，切换到 Lesson13/Extra_Credit 文件夹，打开 Flyer.psd 文件。

2 选中 new_wing 图层，选择 Layer > Copy CSS，如图 13.25 所示。

图13.25

Photoshop 将 new_wing 图层的 CSS 属性复制到剪贴板。

3 打开 Dreamweaver，然后切换到 Lesson13/Extra_Credit 文件夹，并打开新文件 Wing_Start.html。

4 选择 File > Save As，将文件命名为 New-Wing_Finished.htm，保存在 Lesson13/Extra_Credit 文件夹中。

5 在 Dreamweaver 中，如果源代码不可见，可选择 View > Code 查看。然后选择 <style> 和 <style> 标签之间的整个注释区域（"<! – 在这里粘贴 CSS 代码 -- >"），并选择 Edit > Paste，如图 13.26 所示。

图13.26

　　Photoshop复制的CSS代码粘贴到了Dreamweaver文件中。并非所有的样板代码都是一个网站所需的。在这种情况下，你需要删除一些不需要的代码行。

6　删除指定位置、左侧、顶部和高度的代码行。

7　在 Photoshop 中，选择 info 图层，再选择 Layer > Copy CSS。

8　在 Dreamweaver 中，点击括号（}）下方从 new_wing 图层中粘贴来的 CSS 代码，然后选择 Edit > Paste，添加来自 info 图层的 CSS 代码，如图 13.27 所示。

图13.27

9　删除指定了位置左侧、顶部和高度的代码行。然后，选择 File > Save，保存对 HTML 文件的改变。

10　点击 Preview/Debug In Browser 按钮，然后选择浏览器。

11　预览网站。注意到文字、字体大小、颜色甚至阴影都已经从 Photoshop 中复制了过来，如图 13.28 所示。

图13.28

　　在多个浏览器中预览网页是一个不错的注意，因为结果可能会有所不同。例如，你可能要编辑CSS代码来指定字体的大小和位置。

复习

复习题

1 切片是什么？在使用 Photoshop 处理图像时，怎样创建切片？

2 什么是图像优化？如何优化图像以用于 Web？

3 如何复制图层属性，将其用于 CSS 文件？

复习题答案

1 切片是用户定义的矩形图像区域，可对其进行 Web 优化及添加动画 GIF、URL 链接和翻转效果。可使用 Slice 工具来创建图像切片，也可使用 Layers 菜单将图层转换为切片。

2 图像优化指的是选择格式、分辨率和质量设置，让图像在效率、视觉吸引力方面都适合用于网页中。连续调图像通常应使用 JPEG 格式，而纯色图像或包含重复图案的图像通常应使用 GIF 格式。要在 Photoshop 中优化图像，可选择 File > Save For Web。

3 要从图层属性中生成 CSS 代码，可在 Photoshop 中选中图层，选择 Layer > Copy CSS。然后将剪贴板的内容粘贴到使用 Dreamweaver 或其他应用程序制作的网页的 CSS 文件中。

第14课 生成和打印一致的颜色

在本课中，你将学习以下内容：

- 为显示、编辑和打印图像定义 RGB、灰度和 CMYK 色彩空间；

- 准备使用 PostScript CMYK 打印机打印的图像；

- 校样用于打印的图像；

- 将图像保存为 CMYK EPS 文件；

- 创建和打印四色分色：

- 准备用于出版印刷的图像。

学习本课需要需要不到 1 个小时的时间。如果还没有将 Lesson14 文件夹复制到本地硬盘中，请现在就这样做。在学习过程中，请保留初始文件；如果需要恢复初始文件，只需要从配套光盘中再次复制它们即可。

EXPLORING MONET'S GARDEN
GIVERNY

PROJECT: GARDEN PHOTOGRAPHY POSTER

　　要生成一致的颜色，需要在其中编辑和显示 RGB 图像以及编辑、显示和打印 CMYK 图像的颜色空间。这有助于确保屏幕上显示的颜色和打印的颜色相匹配。

14.1 色彩管理简介

在显示器上，通过组合红光、绿光和蓝光（RGD）来显示颜色；而印刷颜色通常是通过组合 4 种颜色（青色、洋红、黄色和黑色，也成为 CMYK）的油墨得到的。这 4 种油墨被称为印刷色，因为它们是印刷过程中使用的标准油墨。图 14.1 和图 14.2 说明了 RGB 图像和 CMYK 图像。

图14.1　RGB图像包含红、绿、蓝通道

图14.2　CMYX图像包含青色、洋红、黄色和黑色通道

> **注意**：本课中的一个练习要求你的电脑连接了 PostScript 彩色打印机。如果没有连接，你也能够完成大部分练习，但不是全部。

由于 RGB 和 CMYK 颜色模式使用不同的方法显示颜色，因此它们重现的色域（颜色范围）不同。例如，由于 RGB 使用光来产生颜色，因此其色域中包括霓虹色，如霓虹灯的颜色。相反，印刷油墨擅长重现 RGB 色域外的某些颜色，如淡而柔和的色彩以及纯黑色。图 14.3 说明了颜色模式 RGB 和 CMYK 以及它们的色域。

不过，并非所有的 RGB 和 CMYK 色域都是一样的。显示器和打印机的型号不同，它们显示的色域也稍有不同。例如，一种品牌的显示器可能比另一种品牌的显示器生成稍亮的蓝色。设备能够重现的色域决定了其色彩空间。

Photoshop 中的色彩管理系统使用遵循 ICC 的颜色配置文件，将颜色从一种色彩空间转换到另一种色彩空间。色彩配置文件描述了设备的色彩空间，如打印机的 CMYK 色彩空间。你将选择要使用的配置文件以对图像进行精确的校样和打印。指定配置文件后，Photoshop 可以将它们嵌入到图像文件中，以便 Photoshop 和其他应用程序能够精确地管理图像的颜色。

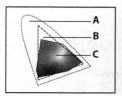 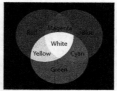 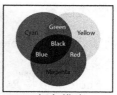

A. 自然色域
B. RGB色域
C. CMYK色域

RGB颜色模式　　CMYK颜色模式

图14.3

有关嵌入颜色配置文件的更多信息，请参阅 Photoshop Help。

在进行色彩管理之前，应该先校准显示器。如果显示器不能精确地显示颜色，你根据在显示器上看到的图像所做的颜色调整可能不精确。有关校准显示器的详细信息，请参阅 Photoshop Help。

RGB模式

大部分可见光谱都可以通过混合不同比例和强度的红色、绿色、蓝色光（RGB）来表示。使用这三种颜色的光可混合出青色、洋红、黄色和白色。

由于混合RGB可生成白色（即所有光线都传播到眼睛中），因此R、G、B被称为加色。加色用于光照、视频和显示器。例如，你的显示器通过红色、绿色和蓝色荧光体发射光线来生成颜色。

CMYK模式

CMYK模式基于打印在纸张上的油墨对光线的吸收量。白色光照射在半透明的油墨上时，部分光谱被吸收，部分光谱被反射到人眼中。

从理论上来说，纯的青色（C）、洋红（M）和黄色（Y）颜料混合在一起将吸收所有颜色的光，结果为黑色。因此，这些颜色被称为减色。由于所有印刷油墨都有杂质，因此这三种油墨混合在一起实际上得到的是土棕色，必须再混合黑色（K）油墨才能得到纯黑色。使用K而不是B表示黑色，旨在避免同蓝色混淆。将这几种颜色的油墨混在一起来生成颜色被称为四色印刷。

14.2　概述

首先，启动 Adobe Photoshop 并恢复默认首选项。

1　启动 Photoshop 并立刻按下 Ctrl+Alt+Shift 键（Windows）或 Command+Option+Shift 键（Mac OS）以恢复默认首选项。

2　出现提示时，单击 Yes，确认要删除 Adobe Photoshop 设置文件。

14.3 指定色彩管理设置

在本节中，你将学习如何在 Photoshop 中设置色彩管理工作流程。Color Settings 对话框提供了用户所需的大部分色彩管理控件。

在默认情况下，Photoshop 将 RGB 设置为数字工作流程的一部分。然而，如果要处理用于印刷的图像，可能需要修改设置，使其适合处理在纸上印刷而不是在显示器上显示的图像。

下面创建自定的颜色设置。

1 选择 Edit > Color Settings，打开 Color Settings 对话框。

在对话框的底部描述了鼠标当前指向的色彩管理选项。

2 将鼠标指向对话框的不同部分，包括区域的名称（如 Working Spaces）、菜单名称及菜单选项。移动鼠标时，Photoshop 将显示相关的信息。完成后，返回到默认选项。

下面选择一组用于印刷（而不是在线）工作流程的选项。

3 从 Settings 菜单中选择 North America Prepress 2，工作空间和色彩管理方案选项的设置将相应变化，这些适用于印前工作流程。然后单击 OK，如图 14.4 所示。

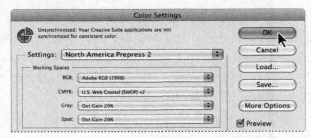

图14.4

14.4 校样图像

你要选择一种校样配置文件，以便在屏幕上看到图像打印后的效果。这样你能够在屏幕上校样（软校样）用于打印输出的图像。

1 选择 File > Open，切换到 Lessons/Lesson14 文件夹，再双击 14Start.tif 文件，如图 14.5 所示。如果出现有关嵌入的配置文件不匹配的警告，单击 OK 按钮。

这样就打开了扫描得到的海报的 RGB 图像。

2 选择 File > Save As，将文件重命名为 14Working.tif，保持选中 TIFF 格式，并单击 Save 按钮。在 TIFF Options 对话框中单击 OK。

图14.5

进行软校样或打印该图像之前，需要设置一个校样配置文件。校样配置文件（也被称为校样设置）指定了将如何打印文件，并相应地调整在屏幕上显示的图像。Photoshop 提供各种设置，以帮助用于校样不同用途的图像，其中包括打印和在 Web 上显示。在本课中，你将创建一种自定义校样设置，然后可将其保存以便用于以同样方式输出的其他图像。

3 选择 View> Proof Setup > Custom，打开 Customize Proof Condition 对话框，确保选中了 Preview 复选框。

4 在 Device To Simulate 菜单中，选择一个代表最终输出设备的配置文件，如要用来打印图像的打印机的配置文件。如果不是专用打印机，当前的默认设置配置文件 Working CMYK-U.S. Web Coated (SWOP) v2 通常是不错的选择。

5 如果你已经选择了不同的配置文件，确保没有选中 Preserve Numbers 复选框。

Preserve Numbers 复选框模拟颜色将如何显示，而无需转换为输出设备的色彩空间。

> **Ps** **注意**：选择了 U.S. Web Coated (SWOP) v2 配置文件时，Preserve Number 选项不可用。

6 确保从 Rendering Intent 中选择了 Relative Colorimetric。

渲染方法决定了颜色如何从一种色彩空间转换到另一种色彩空间。Relative Clorimetric 保留了颜色关系而又不牺牲颜色准确性，是北美和欧洲印刷使用的标准渲染方法。

7 如果适用于选择的配置文件，那么选中 Simulate Blank Ink 复选框，然后取消选择，并选中 Simulate Paper Color 复选框，要注意，这会自动选择 Simulate Black Ink 复选框，单击 OK，如图 14.6 所示。

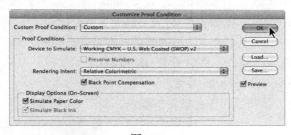

图14.6

注意到图像的对比度好像降低了，如图 14.7 所示。Paper Color 根据校样配置文件模拟实际纸张的白色；Black Ink 模拟实际打印到大多数打印机的暗灰色，而不是纯黑色。并非所有配量文件都支持这些选项。

正常图像　　　　　选中了Paper Color和Black Ink选项的图像

图14.7

Ps 注意：要启用 / 禁用校样设置，可选择 View > Proof Colors。

14.5 找出溢色

大多数扫描照片包含的 RGB 颜色都在 CMYK 色城内，因此，将图像改为 CMYK 模式时，基本上不用替代就可以转换所有颜色。不过，以数字方式创建或修改的图像（如霓虹色微标和灯光），常常包含位于 CMYK 色域外的 RGB 颜色。

将图像从 RGB 模式转换为 CMYK 模式之前，可以在 RGB 模式下预览 CMYK 颜色值。

图14.8

1. 选择 View > Gamut Warning，查看溢色。Adobe Photoshop 会创建一个颜色转换表，并在图像窗口中将溢色显示为中性灰色，如图 14.8 所示。

由于在图像中灰色不太显眼，下面将其转换为更显眼的色域警告颜色。

2. 选择 Edit > Preferences > Transparency & Gamut（Windows）或 Photoshop > Preferences > Transparency & Gamut（Mac OS）。

3. 单击对话框底部 Gamut Warning 区域的颜色样本，并选择一种鲜艳的颜色，如紫色或亮绿色，然后单击 OK 按钮。

4. 再次单击 OK，关闭 Preferences 对话框。

所选的鲜艳的新颜色代替灰色用作色域警告颜色，如图 14.9 所示。

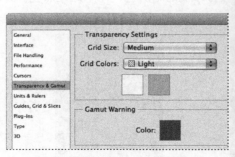

图14.9

5. 选择 View > Gamut Warning，关闭溢色预览。

本课后面将文件存储为 Photoshop EPS 格式时，Photoshop 将自动校正这些溢色。Photoshop EPS 格式会把 RGB 图像转换为 CMYK 格式，并在必要时对 RGB 颜色进行调整，使其位于 CMYK

色域内。

14.6 调整图像并打印校样

为打印输出准备图像的下一步是做必要的颜色和色调调整。在本节中，你要调整色调和颜色，从而校正扫描得到的海报中颜色不佳的问题。

为了能够比较校正前后的图像，首先创建一个副本。

1 选择 Image > Duplicate，单击 OK 按钮复制图像。

2 选择 Window > Arrange > 2 Up Vertical，这样在工作时可以对比两幅图片。

按下来将调整图像的色相和饱和度，让所有颜色都位于色域内。

3 选择 14Working.tif 文件（原始图像）。

4 选择 Select > Color Range。

5 在 Color Range 对话框中，从 Select 菜单中选择 Out Of Gamut，再单击 OK，如图 14.10 所示。

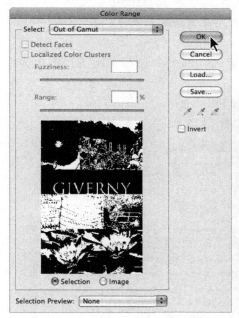

图14.10

这将选择前面标记为溢色的区域，让所做的修改只影响这些区域。

6 选择 View > Extras，工作时隐藏起选区。

选区边界会分散注意力，隐藏起来之后不会看到选区，不过修改仍然生效。

7 单击 Adjustments 面板中的 Hue/Saturation 按钮，创建一个 Hue/Saturation 调整图层（如果 Adjustments 面板没有打开，请选择 Window >Adjustments）。该调整图层包含一个根据前面的选区创建的蒙版，如图 14.11 所示。

8 在 Properties 面板中，做如下设置，如图 14.12 所示。

- 拖动 Hue 滑块，直到颜色看起来更自然（这里使用 -5）。

图14.11

图14.12

- 拖动 Saturation 滑块，直到颜色饱和度看起来更逼真（这里使用 -40）。
- 保留 Lightness 为默认值 0。

9 选择 View > Gamut Warning，图像的大部分溢色都消除了。再次选择 View > Gamut Warning，取消选中它。

10 在选中 14workhg.tif 的情况下，选择 File > Print。

11 在 Print 对话框中，做如下设置，如图 14.13 所示。

图14.13

- 从 Print 菜单中选择打印机。
- 在对话框的 Color Management 区域中，从 Color Handing 菜单中选择 Printer Managers Colors。
- 从弹出菜单中选择 Hard Proofing。

- 从 Proof Setup 中选择 Working CMYK。
- 如果有彩色 PostScript 打印机，单击 Print 按钮打印图像，将其同屏幕版本进行比较；否则，单击 Cancel 按钮。

14.7　将图像保存为 CMYK EPS 文件

下面将图像存储为 CMYK EPS 文件。

1　在选中 14Working.tif 的情况下，再选择 File > Save As。

2　在 Save As 对话框中做如下设置并单击 Save 按钮，如图 14.14 所示。

- 从 Format 菜单中选择 Photoshop EPS。
- 在 Color 下面，选中 Use Proof Setup 复选框。不用担心出现的必须存储为副本的警告。
- 接受文件名 14Working.eps。

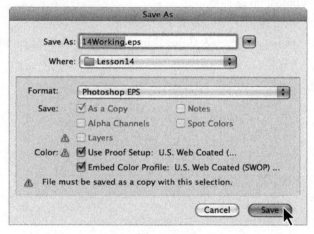

图14.14

 注意：用 Photoshop Encapsulated PostScript（EPS）格式储存时，这些设置将导致图像自动从 RGB 模式转换为 CMYK 模式。

3　在出现的 EPS Options 对话框中单击 OK。

4　保存文件，然后关闭 14Working.tif 和 14Working copy.tif 文件。

5　选择 File > Open，切换到 Lessons/Lesson14 文件夹，双击 14Working.eps 文件。

从图像窗口的标题栏可知，14Working.eps 是一个 CMYK 文件，如图 14.15 所示。

图14.15

14.8　打印

打印图像时，遵循下面的指导原则可获得最佳结果。

- 打印颜色复合（color composite）以便对图像进行校样。颜色复合在一次打印中组合了 RGB 图像的红、绿、蓝通道（或 CMYK 图像的青色、洋红、黄色和黑色通道），这表明了最终打印图像的外观。
- 设置半调网屏参数。
- 分色打印以验证图像是否被正确分色。
- 打印到胶片或印版。

打印分色时，Photoshop 为每种油墨打印一个印版。对于 CMYK 图像来说，将打印 4 个印版，每种印刷色一个。

在本节中，你要进行打印分色。

1 确保之前的练习中打开了图像 14Working.eps，选择 File > Print。

在默认情况下，Photoshop 将打印所有文档的复合图像。要将该文件以分色方式打印，需要在 Print 对话框中明确指示 Photoshop 这样做。

2 在 Print 对话框，执行如下操作，如图 14.16 所示。

- 在 Color Management 区域，从 Color Handing 菜单中选择 Separations。
- 点击 Print。

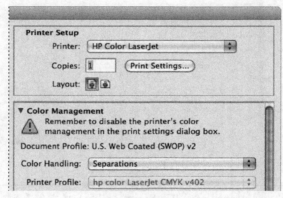

图14.16

3 选择 File > Close，但不保存所做的修改。

本课简要地介绍了如何在 Adobe Photoshop 中生成和打印一致的颜色。如果使用桌面打印机打印，可尝试不同设置，从而找出系统的最佳颜色和打印设置；如果图像由打印服务提供商打印，请向其咨询应使用的设置。有关色彩管理、打印选项和分色的详细信息，请参阅 Photoshop Help。

复习

复习题

1　要准确地重现颜色，应该采取哪些步骤？
2　什么是色域？
3　什么是颜色配置文件？
4　什么是分色？

复习题答案

1　要准确地重现颜色，应先校准显示器，然后使用 Color Setting 对话框来指定要使用的色彩空间。例如，可指定在线图像使用哪种 RGB 色彩空间，打印图像使用哪种 CMYK 色彩空间。然后可以校样图像，检查是否有溢色，在必要时调整颜色，并为打印图像创建分色。
2　色域是颜色模式或设备能够重现的颜色范围。例如，RGB 和 CMYK 颜色模式的色域不同，任何两台 RGB 扫描仪的色域也不同。
3　颜色配置文件描述了设备的色彩空间，如打印机的 CMYK 色彩空间。诸如 Photoshop 等应用程序能够解释图像中的颜色配置文件，从而在跨应用程序、平台和设备时保持颜色一致。
4　分色是文档中使用的每种油墨对应的印版。通常需要为青色、洋红色、黄色和黑色（CMYK）油墨打印分色。